Martin Bock

HILFE BEI ALLERGIEN, ASTHMA, NEURODERMITIS

Martin Bock

HILFE BEI ALLERGIEN, ASTHMA, NEURODERMITIS

Heilkräfte wecken durch Yoga und individuelle Ernährung

HERBiG

Die Ratschläge in diesem Buch sind von Autor und Verlag sorgfältig geprüft, dennoch kann keine Garantie übernommen werden. Jegliche Haftung des Autors bzw. des Verlages und seiner Beauftragten für Gesundheitsschäden sowie Personen-, Sach- und Vermögensschäden ist ausgeschlossen.

Herzlich bedanken möchte ich mich für die Unterstützung bei Samson Mary-Mind, Andrea, Iruska, Herman, Carmen und Mahtab.

Dank sagen möchte ich auch dem Deutschen Allergie- und Asthmabund für seine Mitgliederbefragung – und den Mitgliedern, die sich daran beteiligt haben, weil sie uns in unseren Argumenten bestätigen konnten.

Besuchen Sie uns im Internet unter
www.herbig-verlag.de

Umschlaggestaltung: Wolfgang Heinzel
Umschlagmotiv: Mauritius
Lektorat und Bildredaktion: Gabriele Berding
Fotos: Hermann Jansen
Gesetzt aus der Minion
Druck und Binden: Těšínská Tiskárna, Český Těšín
Printed in the Czech Republic
ISBN 3-7766-2469-8
ISBN 978-3-7766-2469-4

Inhalt

Vorwort

Andrea Wallrafen, Bundesgeschäftsführerin des Deutschen Allergie- und Asthmabundes (DAAB)

Als ich erstmals von diesem Buchprojekt erfahren habe, war ich zwar sofort interessiert, aber ich habe mich auch gefragt, inwieweit die Behauptung: »Heilwirkungen durch Yoga möglich« bei den Betroffenen unberechtigte Hoffnungen wecken könnten.
Als ich jedoch mehr über die Inhalte und Ziele des Buches erfuhr, nämlich die nachgewiesene Wirkung von Yoga für die Erkrankungen Asthma, Allergien und Neurodermitis zu nutzen und die Ernährungsmedizin als konsequente Komponente in ein begleitendes Therapiekonzept einzubinden, war ich von dem Projekt überzeugt.
Wir konnten auf eine Mitgliederbefragung zurückgreifen, die ergeben hat, dass Yoga, regelmäßig ausgeführt, allein für sich schon beachtliche Behandlungserfolge erzielt. Mit Yoga führt man nicht nur bestimmte Bewegungen aus, sondern man erreicht auch eine mentale Ebene.
Wenn die Ernährungsempfehlungen unter Berücksichtigung wissenschaftlicher Erkenntnisse einbezogen werden, ist dies ein wichtiger Teil dieser natürlichen Form der Behandlung.

Die »Duale Körpertherapie« führt diese beiden Bereiche – die Bewegungslehre Yoga und die Ernährungstherapie zusammen und stimmt sie aufeinander ab.
Sicherlich ist bei diesem Buch die Eigeninitiative des Patienten besonders erwünscht. Aber wir wissen aus unzähligen Gesprächen, dass Menschen mit Asthma, Allergien und Neurodermitis eine große Bereitschaft dazu

mitbringen und nach Tipps und Antworten suchen, um ihren Gesundheitszustand zu verbessern.

In der »Dualen Körpertherapie« kann eine Möglichkeit liegen, die Behandlung erfolgreich zu unterstützen und damit die Lebensqualität entscheidend zu verbessern. Sie ist eine Behandlungsmethode, mit der man aktiv Einfluss auf seine Gesundheit und auf seine Lebensgestaltung nehmen kann.

Wir wünschen daher den Leserinnen und Lesern dieses Ratgebers Freude und neue Erkenntnisse beim Lesen und Erfolgserlebnisse mit Yoga und einer passenden Ernährung.

Ihre Andrea Wallrafen

Einführung

Der Patient soll mit diesem Buch in die Lage versetzt werden, bewusster und stärker natürlichen Einfluss auf seinen Körper zu nehmen.
Dabei ist die »Duale Körpertherapie« nicht nur generell dafür geeignet, die gesundheitliche Situation und damit die Lebensqualität zu verbessern, sondern kann gezielt bei bestimmten Erkrankungen eingesetzt werden, um diese erfolgreich zu behandeln. So wurde dieses Buch speziell für Menschen geschrieben, die an einer allergischen Erkrankung, an Asthma oder einer Neurodermitis leiden, um sie mit den therapeutischen Möglichkeiten der »Dualen Körpertherapie« vertraut zu machen.
Sicherlich sind die Erfahrungen mit diesen drei Erkrankungsformen so unterschiedlich wie die Erkrankungen selbst. Von ärztlicher Seite werden vielfach nur die Symptome behandelt, ein von Patienten oft beklagter Zustand. Bei ihnen entsteht häufig der Eindruck, dass sie nach einem Schema behandelt werden, welches ihrer Erkrankung nicht gerecht wird, und dass sie mit ihren Problemen eigentlich allein gelassen werden.
Auch wenn dies leider allzu oft die Realität ist, liegt hierin vielleicht auch eine Chance, nämlich die Verantwortung für sich, Ihre Gesundheit und Ihren Körper ein großes Stück weit selbst zu übernehmen.
Die »Duale Körpertherapie« setzt sich aus zwei Komponenten zusammen, der Ernährung und der Yoga-Lehre, die in ihren speziellen Heilwirkungen genau für diese Erkrankungen zusammengestellt worden sind.

(Gesunde) Ernährung ist eine Komponente der »Dualen Körpertherapie«.

Der Einfluss der Ernährung und die Heilmöglichkeiten durch Yoga sind unbestritten. Das heißt aber nicht, dass damit die Notwendigkeit einer medikamentösen Behandlung aufgehoben wäre.

Die Ernährungsmedizin sowie die gesundheitsfördernde Wirkung von Yoga können die Therapie unterstützen und in der Folge vielleicht den Medikamentenkonsum einschränken oder sogar tatsächlich davon befreien. Dies ist natürlich von der Art der Erkrankung abhängig. Entsprechende therapeutische Maßnahmen sowie die Übungen selbst sollten Sie in jedem Fall mit Ihrem Arzt besprechen.

Sie können die »Duale Körpertherapie« als eine der wirksamsten und sicher auch sanftesten und natürlichsten Maßnahmen nutzen, um Ihre Erkrankung in den Griff zu bekommen.

Sie werden mental stärker und insgesamt gelassener, ruhiger und entspannter werden und können mit sich und der Welt besser umgehen. Allein damit haben Sie die erste Runde im Kampf um Ihre Gesundheit schon für sich entschieden.

Und wenn Sie sich dann dazu entschließen, im Kühlschrank vielleicht ein bisschen »aufzuräumen« und während der Woche ein paar Yoga-Übungen zu machen, dann haben Sie auch gleich noch die zweite Runde für sich gewonnen.

Die Ernährung umzustellen bedeutet nicht zwangsläufig sich einzuschränken, sondern führt eher dazu, viel Neues kennen zu lernen.

Ich habe dieses Buch geschrieben, weil ich persönlich die positiven Auswirkungen von Yoga erfahren habe, nachdem ich meine Vorurteile einmal beiseite geschoben hatte und zum Training gegangen bin. Auch Sie werden wahrscheinlich die Erfahrung machen, dass Yoga eine Erlebnisreise ist, bei der Sie vom ersten Tag an den spannendsten Kontinent der Welt noch besser kennen lernen: sich selbst.

Viel Glück und Erfolg und gesundheitliche Fortschritte
wünscht Ihnen

1.
Basisinformationen

Unser Körper und dessen Reaktionen

Wenn wir an einer Erkrankung leiden oder uns davor schützen wollen, gehen wir zum Arzt, der uns nach Möglichkeit ein wirksames Medikament verschreibt. Wir akzeptieren, dass wir ein Präparat einnehmen, und erwarten, dass es wirkt.
Oft machen wir uns aber nicht bewusst, dass auch unsere Ernährung in unserem Körper gezielt wirken kann, dass eine Ernährungsumstellung helfen kann, Beschwerden zu lindern, Krankheiten zu heilen oder zu verhindern.

Eigentlich könnten wir die Vorgänge in unserem Körper in zwei Funktionen aufteilen, in die chemischen und in die mechanischen. In alles, was Enzyme, Hormone und unzählige andere chemische Substanzen an Körperfunktionen erledigen, und in alles, was sich in uns und »mit« uns bewegt. Das wäre eine konsequente Trennung und man könnte jeden Vorgang im Körper entsprechend zuordnen.

Chemische Vorgänge in unserem Körper sind aber ohne Bewegung nicht denkbar, wie es umgekehrt keine Bewegung ohne chemische Prozesse gibt. Jede Zelle tauscht eine Unzahl von Teilchen aus, damit sich ein Muskel bewegen kann. Und wenn wir unsere Muskeln bewegen, sorgt das wiederum für eine Unzahl chemischer Vorgänge. Beides bedingt sich gegenseitig, und wenn alles gut funktioniert, nennen wir das Gesundheit.

Wir haben vom Ausdauersport gehört, dass ab einem gewissen Zeitpunkt so genannte Endorphine freigesetzt werden. Diese Endorphine können unsere Stimmung aufhellen. Wenn das auch nicht zwangsläufig dazu führt, dass jeder Jogger fröhlich aussieht, zeigt uns dieses Beispiel doch, wie sehr wir durch Bewegung auf unsere mentale Befindlichkeit Einfluss nehmen können. Übrigens werden diese »Glücksbringer« nicht nur beim Joggen freigesetzt, sondern auch bei anderen Sportarten.

Durch Bewegung – z.B. Joggen – können wir großen Einfluss auf unsere mentale Befindlichkeit nehmen.

Die sportliche Bewegung, die auch auf unser mentales Wohlbefinden positive Auswirkungen hat, setzt außerdem weitere gesundheitsfördernde Stoffe frei. Ein schöner Kreislauf!

Das bewirkt die (sportliche) Bewegung in unserem Körper:

- Das Herz-Kreislauf-System wird gestärkt und leistungsfähiger,
- die Lunge vergrößert die Vitalkapazität,
- gesteigerte Energieverbrennung und Stärkung der Muskeln,
- verbesserte Durchblutung und Leistungssteigerung des Gehirns,
- das Immunsystem wird gestärkt,
- Schild- und Bauchspeicheldrüse schütten mehr Hormone aus und verbessern den Stoffwechsel.

Wir können also allein durch Bewegung auf die »Chemie« in unserem Körper Einfluss nehmen. Für jemanden, der chronisch erkrankt ist, ist das von großer Bedeutung, denn er muss eine Strategie gegen seine Erkrankung entwickeln, die langfristig ist – Bewegung und mentale Stärkung bieten sich hier als Erfolg versprechend an. Und eine ganz besondere Hilfe bietet die »Duale Körpertherapie« mit ihren speziellen Übungen aus der Yoga-Lehre und der für das jeweilige Beschwerdebild ausgesuchten Ernährung.

Zusammenspiel von Körper, Geist und Seele

Wenn man in der modernen medizinischen Wissenschaft Diskussionen über Therapien verfolgt, wird man den Eindruck nicht los, dass der Zusammenhang zwischen Körper, Seele und Geist zwar als bedeutend eingeschätzt wird, aber letztendlich doch nur die Behandlung von Symptomen im Vordergrund steht.

Es fehlt die Zeit, eine Krankheitsgeschichte gründlich zu erfragen, die eine Person gänzlich in ihrer Lebenssituation und allen Umständen erfasst, die vielleicht dazu beigetragen haben, dass diese Krankheit entstehen konnte.
Ein weiterer Grund dafür ist sicherlich, dass seelische Zusammenhänge als Ursachen für Krankheiten wissenschaftlich schwerer zu erfassen und deshalb auch schwerer zu behandeln sind.
Es gilt hier nicht, die zweifelsfrei großen Erfolge der Medizin klein zu reden, dennoch werden mit den verordneten Medikamenten oft die Symptome behandelt und nicht die Ursachen kuriert, die zu der Erkrankung geführt haben.
Es wäre also notwendig, bei der erfolgreichen Vermeidung und Bekämpfung von Krankheiten grundsätzlicher anzusetzen.

Ein Ansatz kann darin bestehen – und viele würden damit übereinstimmen –, dass Krankheit als ein Zustand des aus dem Gleichgewicht geratenen Körpers angesehen wird. Weiter teilen viele die Meinung, dass ein Ungleichgewicht unseres Seelen- und Geisteslebens zu einer Erkrankung führen kann.
Daraus ergibt sich die einfache wie logische Folge, dass die Harmonisierung von Körper und Geist zur Gesunderhaltung beiträgt oder zur Wiederherstellung der Gesundheit dienen kann.
Die Philosophie von Yoga besteht nun genau darin, eine Harmonisierung zwischen Körper, Seele und Geist herzustellen. Was die Ernährung betrifft, so wird sie in der Yoga-Lehre zwar als wesentlich eingestuft, aber die Empfehlungen sind oft sehr allgemein gehalten und gehen nicht auf europäische Lebensgewohnheiten ein.

In der »Dualen Körpertherapie« wird auf die speziellen Erfordernisse bei den jeweiligen Erkrankungen und auf die Möglichkeiten der Ernährungstherapie eingegangen.

Entspannung und ihre Bedeutung

Unser modernes Leben hat in vielen Bereichen für uns Menschen große Vorzüge und hat uns enorme Erleichterungen geschaffen.
Aber unsere Lebensweise birgt auch Gefahren für unsere Gesundheit, über die wir uns oft erst dann klar werden, wenn sich bereits Anzeichen für eine Krankheit zeigen.

Yoga bietet die Möglichkeit, sich auf die Herausforderungen des modernen Lebens besser einstellen zu können und uns damit besser zu schützen.

Wenn wir unter Stress leiden, reagiert jeder darauf unterschiedlich. Die Folgen können sein: Muskeln verspannen sich, Magen- und Darmprobleme treten auf, die Atmung wird flach und schnell, der Herzschlag erhöht sich und wir sind vielleicht schneller gereizt und nervös. Hormone werden in unserem Körper freigesetzt, die uns zusätzlich stressen.
Negativ empfundener Stress kann unsere Befindlichkeit erheblich stören und über kurz oder lang zu ernsthaften Erkrankungen führen. Hinzu kommt, dass wir in solchen Situationen geneigt sind, nicht auf unsere Gesundheit zu achten, und damit das Krankheitsrisiko verstärken.

Wir können uns nicht jeder Situation entziehen, schon gar nicht Schicksalsschlägen wie dem Tod einer nahe stehenden Person oder schwierigen Lebenssituationen wie Arbeitslosigkeit, Trennung vom Partner oder einer Erkrankung. Aber wir können versuchen, uns auf die Situation einzustellen und damit besser umzugehen. All diese negativen Stress-Situationen haben gemeinsam, dass sie uns beunruhigen. Die Unruhe in unserem Kopf führt zur weiteren »Unruhe« in unserem Körper. Es ist also wichtig, die Gedanken zu beruhigen.
Durch regelmäßiges Yoga-Training können wir das erreichen, indem Körper- und Atemübungen sowie die Entspannung und die Vertiefung unserer Konzentration zusammenwirken. Körperliche Entspannung

führt zur geistigen Entspannung, so wie umgekehrt den Geist zu entspannen unser Herz-Kreislauf-System und das Nervensystem in unserem Körper beruhigt.

Yoga ist ein natürliches Beruhigungsmittel für Körper, Seele und Geist – und eine gesunde und individuell geeignete Ernährung ist wichtig für einen gesunden Körper.

Die Atmung und ihre Bedeutung

Der Atmung kommt in unserem Leben eine zentrale Bedeutung zu. Deshalb nehmen Atemfunktion und -techniken nicht nur in der Yoga-Lehre großen Raum ein, sondern werden auch in der »Dualen Körpertherapie« besonders ausführlich geschildert.

Hier einige kurze Erläuterungen zur Atemfunktion:
Die Lunge sorgt für die Sauerstoffzufuhr, die die Lebensvorgänge in unserem Körper überhaupt erst möglich machen.
Sauerstoff gelangt über die oberen Atemwege durch Mund, Nase und Rachen über den Kehlkopf in die unteren Atemwege, in die Luftröhre, die Bronchien, in die Lungenflügel bis zu den Lungenbläschen, von dort ins Blut und wird so zu jeder Körperzelle transportiert. Sauerstoff benötigen wir für die Stoffwechselvorgänge, er ist ein Energielieferant. Je optimaler wir unseren Körper mit Sauerstoff versorgen, desto besser und ausgeglichener funktionieren unsere Stoffwechselvorgänge – und desto besser geht es uns.
Aus den Zellen werden dann Schlackenstoffe, vor allem Kohlendioxid abtransportiert und durch die Ausatmung abgegeben.

Die Atmung steuert unmittelbar das biochemische Gleichgewicht des vegetativen Nervensystems und des Blutkreislaufes.

Die richtige Atmung zu erlernen und alltäglich umzusetzen, kann unsere allgemeine Befindlichkeit positiv beeinflussen.
Unsere Atmung läuft größtenteils unbewusst und automatisch ab. Leider hat sich bei den meisten Menschen eine Fehlatmung etabliert, die zu flach und zu kurz ist.

Wir haben es verlernt, auf natürliche Weise und tief und rhythmisch zu atmen.

Es heißt, dass der Atem das Bindeglied ist zwischen Bewusstsein, Geist und Körper. Das lässt sich durch physiologische Vorgänge beweisen, wir wissen auch aus eigener Erfahrung, dass unser Geisteszustand unsere Atmung direkt beeinflusst. Wenn wir unter Stress oder Angstzuständen leiden, atmen wir schnell und flach. Alltagshektik, seelische wie körperliche Belastungen haben unsere Atmung verflacht. Zu wenig Sauerstoff und die Anreicherung von Schlackenstoffen in unserem Körper ermüden uns nicht nur, sondern machen uns auch für Krankheiten anfälliger.

Durch Atemübungen werden wir uns unserer Atmung bewusster und können sie besser beeinflussen. Wir lernen, tiefer und regelmäßiger zu atmen. Das wirkt sich positiv auf den gesamten Organismus aus, es beruhigt und harmonisiert den Körper und den Geist.

Was ist Asthma?

Asthma entsteht durch eine fortdauernde Entzündung der Bronchialschleimhaut. In der Bronchialschleimhaut sitzen Mastzellen, die durch Kontakt mit Allergenen, bei Infektionen oder anderen Reizen ihre Botenstoffe (Mediatoren) freisetzen. Diese Botenstoffe sind für die Krankheitszeichen verantwortlich.

Asthma kann sowohl durch erbliche Veranlagung als auch durch Virusinfekte hervorgerufen oder allergisch bedingt sein.

Auslöser können sein: Allergene, kalte Luft, Infekte oder Reizstoffe wie Tabakrauch, Sprays, Duftstoffe usw., aber auch Arzneimittel, Konservierungs- und Arbeitsstoffe. Stress, seelische Belastung und körperliche Anstrengungen können ebenfalls auslösende Bedingungen für Asthma sein.

Bei einem Asthmaanfall kommt es zur Verengung der Bronchien durch Verkrampfen der Bronchialmuskeln und zur vermehrten Schleimbildung.

Wie kommt es zu einer Allergie?

Eine Allergie beruht eigentlich auf einem Irrtum unseres Immunsystems. Dieses Immunsystem, das sonst so hervorragend funktioniert, stuft einen harmlosen Stoff als gefährlich ein.

Die Ursache dafür ist noch nicht geklärt. Das Immunsystem bildet einen Antikörper gegen den (harmlosen) Fremdstoff, den man ab diesem Zeitpunkt Allergen nennt. Beide binden sich aneinander. Das Immunsystem bildet spezifische Antikörper.
Der Körper ist jetzt diesem Allergen gegenüber besonders sensibel. Daraufhin muss noch nichts passieren; wenn aber dieses Allergen bei einem erneuten Kontakt wieder auftaucht, dann können diese Antikörper, die auf Mastzellen sitzen, reagieren.
Die Mastzellen befinden sich im Blut, in der Haut und auf Schleimhäuten (Auge, Nase), in der Lunge und im Darm. Es werden dann Entzündungsstoffe (Mediatoren) ausgeschüttet, von denen der bekannteste Histamin ist, und es kommt zu den unterschiedlichsten Krankheitszeichen.

So gut Bewegung an frischer Luft ist – für Pollenallergiker z.B. kann sie zu bestimmten Zeiten problematisch sein.

Was ist eine Neurodermitis?

Die Neurodermitis ist ein so genanntes »atopisches« Krankheitsbild, was übersetzt so viel heißt wie »sonderbar« oder »ungewöhnlich«. Das Erscheinungsbild ist individuell und vielseitig und vom Alter abhängig. Für die sichere Diagnose stehen gleich eine ganze Reihe von Kriterien zur Verfügung, meist aber sind die Symptome Hautrötungen sowie nässende, schuppende Hautflächen. So unterschiedlich auch die Erscheinungsformen sind, der Juckreiz ist das gemeinsame und hervorstechende Symptom der Erkrankung.

An ihrer Entstehung können viele Faktoren beteiligt sein, man geht von erblicher Veranlagung, Allergenen, äußere Reizen, Ernährung und psychischen Einflüssen aus.

2.

Das Prinzip der »Dualen Körpertherapie«

Die Bedeutung von Bewegung und Ernährung

Die beiden großen Bereiche unseres Lebens, die unsere Gesundheit entscheidend mitprägen, sind Bewegung und Ernährung. Es sind deshalb die Hauptgebiete in der Prävention von Krankheiten. Das heißt, dass die richtige Form der Bewegung und eine gesunde Ernährung die Möglichkeit bieten, sich vor Erkrankungen zu schützen – aber auch die Möglichkeit, sie zu behandeln oder die Therapiemaßnahmen zu unterstützen.

Hier setzt die »Duale Körpertherapie« an, deren Sinn darin besteht, Körper und Geist zu stärken und körpereigene Kräfte zu mobilisieren, die im Krankheitsfall den Heilprozess unterstützen können oder selbst heilend sind. Unser Körper stellt nämlich selbst eine »Apotheke« zur Verfügung, aus der man die natürlichste Form der Behandlung »mitnehmen« kann. Die für den individuellen Bedarf zusammenzustellende Ernährung und ausgesuchte Yoga-Übungen sind die zwei wirksamen Komponenten der Therapie. In einigen Yoga-Büchern werden Sie zwar auch Ernährungsempfehlungen finden, aber diese beruhen oftmals auf fernöstlichen Traditionen und Überlieferungen oder berücksichtigen religiöse Inhalte. In diesem Buch finden Sie dagegen Ernährungsempfehlungen, die auf europäische Lebensgewohnheiten abgestimmt sind und wissenschaftlichen Standards entsprechen.
In der »Dualen Körpertherapie« ist Yoga die spezielle Bewegungskomponente. Deshalb sollen anderen Sportarten bzw. Bewegungslehren positive Kriterien jedoch nicht aberkannt werden. Niemand sollte deshalb aufhören, zu joggen oder anders für seine Fitness zu sorgen. Im Gegenteil, andere sportliche Trainingsformen und Yoga können sich wertvoll ergänzen.

Als Yoga-Lehrer habe ich natürlich besonders viele praktische Erfahrungen mit Yoga und stehe dieser Lehre besonders nahe. Darüber hinaus gibt es aber objektive Kriterien, die Yoga in der Heil- und Bewegungstherapie als besonders geeignet auszeichnen.

- Yoga ist für jeden durchführbar,
- kräftigt den Körper,
- stärkt den Geist und damit die mentale Ebene,
- macht Heilwirkungen möglich.

Lassen Sie mich noch einmal wiederholen: Bewegung und Ernährung sind die beiden großen Bereiche, mit denen wir auf unseren Körper und dessen Konstitution Einfluss nehmen können. In der »Dualen Körpertherapie« sind deshalb die physiologischen Erkenntnisse der Ernährungsmedizin und die Erfahrungen der heilenden Wirkung von Yoga zusammengefasst.

Die beiden Komponenten der »Dualen Körpertherapie«:

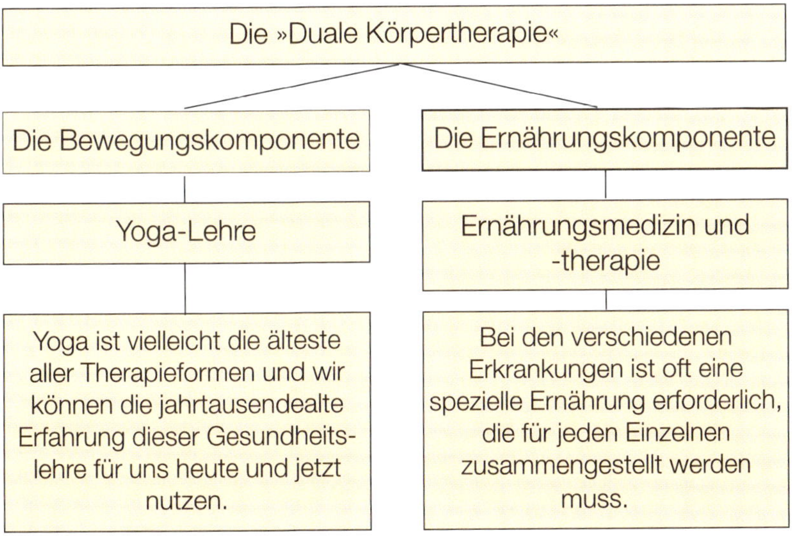

Die Kombination von Yoga und Ernährung – die ideale Therapie

Es gibt unzählige Bücher und Informationen zu Yoga und Ernährung. Und obwohl in beiden, der Yoga- wie auch der Ernährungslehre, nicht selten von einer ganzheitlichen Betrachtung ausgegangen wird, bleiben sie für sich betrachtet meiner Meinung nach oft noch unvollständig.

Wenn man die Erkenntnisse aus beiden Lehren unter Berücksichtigung hiesiger Lebens- und Ernährungsgewohnheiten zusammenfasst, lassen sich Idealwirkungen erzielen, die einen noch größeren therapeutischen Nutzen versprechen.

Die Heilwirkungen von Yoga sind oft beschrieben worden. Und doch kann man größere Erfolge erzielen, wenn man seine Yoga-Übungen fleißig durchführt und zusätzlich die Ernährung berücksichtigt. Dann erst nutzt man seine Möglichkeiten.
Gerade die Ernährung wird mit ihren therapeutischen Möglichkeiten oft unterschätzt. Vor allem bei Allergien, insbesondere Nahrungsmittelallergien, bei Asthma und auch bei Neurodermitis ist die Ernährung als ein wichtiges Element der Therapie anzusehen. Damit lässt sich nicht nur die Lebensqualität beeinflussen, sondern man kann entscheidend auf den Krankheitsverlauf einwirken.

Die Kombination von Ernährungstherapie und Yoga verspricht bei Asthma, Allergien und Neurodermitis eine gesteigerte Heilwirkung.

3.
Die Ernährungskomponente der »Dualen Körpertherapie«

Die Möglichkeiten der Ernährungstherapie

Die Meinung ist weit verbreitet, dass ein Großteil der Erkrankungen heutzutage ernährungsbedingt ist. Mit unserer Ernährung können wir demzufolge also entscheidend darauf Einfluss nehmen, wann und ob eine Krankheit entstehen kann oder ob sie, wie bei Allergien beispielsweise, zu Beschwerden führt oder »verborgen« bleibt.
Die Bedeutung der Ernährungstherapie und die Möglichkeiten der Ernährungsmedizin rücken auch in der Behandlung von Allergien, Neurodermitis und auch bei Asthma immer stärker in den Vordergrund.
Eliminationsdiäten, bei denen bestimmte Nahrungsmittel weggelassen werden, sind in der Diagnostik und Therapie von Unverträglichkeitsreaktionen auf Nahrungsmittel von zentraler Bedeutung.
Im Folgenden werden Ernährungsempfehlungen bei Allergien, Nahrungsmittelallergien, Kreuzallergien, Neurodermitis und Asthma aufgeführt. Auch so genannte Pseudoallergien und Unverträglichkeiten wie Laktoseintoleranz und Fruktoseintoleranz werden behandelt.

Es kann in diesen Fällen allerdings nicht *die* allgemein gültige Ernährungsempfehlung gegeben werden, weil jeder Patient mit seiner Krankheitsgeschichte und der jeweiligen Lebenssituation, in der er sich befindet, unterschiedlich ist. Es gilt also Erfahrungen zu verwerten und Richtlinien zu entwickeln, an denen sich der Betroffene, der Ernährungsberater und der Arzt orientieren können. Die Mitarbeit des Betroffenen selbst ist dabei ebenfalls von großer Bedeutung.
Er kann sich im Ernährungsteil Sachkenntnisse aneignen, die ihm nicht nur helfen können, die Ursache von belastenden Symptomen zu ermitteln, sondern auch die für ihn geeignete Ernährungsform zu finden.

Aufgrund der genauen Kenntnis der Krankheitsgeschichte und mithilfe diagnostischer Verfahren lassen sich individuell exakte Empfehlungen ermitteln, die auf den Patienten zugeschnitten sind und eine entsprechende Lebensqualität sicherstellen.

Eine Ernährungsberatung ist zusätzlich zu empfehlen, damit es durch selbst gewählte Diäten nicht zu einer unnötigen Verminderung der Lebensqualität oder zu Nährstoffmangel kommt.

Trotz oder gerade weil das Ernährungsangebot in hoch industrialisierten Ländern so groß ist, nehmen Unverträglichkeitsreaktionen, Fehlernährung und ernährungsbedingte Erkrankungen zu. Heute gehen wir sogar davon aus, dass in der Ernährung die Ursache für die Entstehung der meisten Erkrankungen zu suchen ist. Und in der Medizin und der Ernährungswissenschaft verdeutlichen neue Erkenntnisse zunehmend die Bedeutung der therapeutischen Wirkung der Ernährung.

Auch bei Allergien, Neurodermitis und beim allergisch bedingten Asthma kann die Ernährung der entscheidende Auslöser sein. Eliminations- oder Auslassdiäten nehmen bei Nahrungsmittelallergien und anderen Unverträglichkeitsreaktionen in der Therapie eine zentrale Rolle ein. Heute können wir dank dieser Erkenntnisse exakte Ernährungsempfehlungen ableiten, die sowohl in der Prophylaxe als auch in der Behandlung von Erkrankungen von großer Bedeutung sind.

Bei einer genau durchgeführten Diagnose kann die entsprechende Ernährungsumstellung ein wichtiger, wenn nicht sogar der entscheidende Faktor auf dem Weg zur Beschwerdefreiheit sein.

Die Ernährungstherapie bei Allergien, Nahrungsmittelunverträglichkeiten und Nahrungsallergien

Das Thema Ernährung in Zusammenhang mit Allergien ist, genau wie die Ursachenermittlung selbst, sehr komplex und wirklich nicht einfach. Es gibt eine Vielzahl von Allergenen. Grundsätzlich kann jeder Stoff zu

Nahrungsallergien können sich auch in Konzentrationsstörungen äußern – für Schachspieler keine gute Voraussetzung …

einer Allergie führen. Bis jetzt sind etwa 20 000 wissenschaftlich nachgewiesen. Jede Form der Allergiereaktion ist individuell, und das entsprechende Allergen zu ermitteln, gleicht oft komplizierter Detektivarbeit. Deshalb ist die Mitarbeit jedes Betroffenen bei der Suche nach der Ursache auch so wichtig.

Bei mehr als der Hälfte der Allergien auf Pollen und auch auf Latex leiden die Betroffenen zusätzlich unter einer Kreuzallergie, d.h., sie reagieren auch auf andere Allergene. Diese Allergene sind Bestandteil von Nahrungsmitteln, meinst Proteine, die mit denen von Pollen oder Latex verwandt oder sogar identisch sind und deshalb ebenfalls zu den bekannten Symptomen (siehe Beschwerdebilder) führen können.

Nahrungsmittelunverträglichkeiten und -allergien können sich folgendermaßen äußern:

Beschwerdebilder

Organsystem	Symptome
Haut	Rötung, Juckreiz, Schwellung, Gesichtsschwellung (Quincke-Ödem), Quaddeln (Nesselsucht = Urtikaria), Ekzeme (atopisches Ekzem = Neurodermitis)
Mund	Lippen-, Zungen-, Gaumenschwellung oder -kribbeln, Juckreiz, Bläschenbildung (orales Allergiesyndrom)
Augen	Bindehautentzündung (Konjunktivitis)
Atemwege	Schnupfen (Rhinitis), Husten, Asthma, Atemnot, Fließschnupfen und Niesanfälle (Heuschnupfen)
Magen-Darm-Trakt	Übelkeit, Erbrechen, Blähungen, Durchfall, Koliken, Verkrampfungen, Verstopfung, Entzündungen
Herz/Kreislauf	Anaphylaktischer Schock
Sonstige	Kopfschmerzen, Migräne, Müdigkeit, Konzentrationsstörungen

Zu den aufgeführten Beschwerdebildern gehören auch Asthma und Neurodermitis. Die therapeutischen Vorgehensweisen und die entsprechenden Empfehlungen gelten auch bei diesen Symptomen, wenn sie allergisch bedingt sind, und werden deshalb unter den Kapiteln Asthma und Neurodermitis nicht noch einmal gesondert aufgeführt.

Diagnostik bei Allergien

Zum besseren Verständnis, wie überhaupt eine Allergie ermittelt wird, seien hier die Verfahren aufgeführt.

1) Anamnese – Erfassen der Krankheitsgeschichte

2) Hauttest

- Pricktest; die Testlösung mit jeweils einem Allergen wird auf den Arm aufgetragen, die Haut an der Stelle ca. 1mm tief durchstochen. Erfolgt an der Stelle eine Quaddelbildung, ist der Test positiv. (Je stärker und umfangreicher die Quaddelbildung, desto allergischer reagieren Sie auf ein bestimmtes Allergen.)
- Intrakutantest; hierbei wird das Allergen in die Haut gespritzt.
- Scratch-Test; mit der aufgetragenen Testlösung wird die Haut gleichzeitig angeritzt.
- Reibtest; das Allergen wird auf der Innenseite des Unterarms mehrfach hin- und hergerieben.
- Epikutantest (Pflastertest); Pflaster werden mit der allergenhaltigen Substanz auf die Haut (Rücken) geklebt.

3) Labortest (Bluttest)
Hier wird mithilfe einer Blutuntersuchung das Allergen bestimmt.

4) Provokationstest
Bei dieser Methode wird der Betroffene dem Allergen gezielt ausgesetzt und die Reaktion somit provoziert.

Wie schon erwähnt, sind Allergien Überempfindlichkeiten des Körpers. Es kommt zur Bildung von Antikörpern (Immunglobuline), die im Blut nachweisbar sind. Diese Antikörperreaktion steht in direktem Zusammenhang zu dem Allergen und man kann auf diese Weise – durch die Bestimmung der Immunglobuline (meist IgE) – auch herausfinden, ob eine Allergie vorliegt. Dies gilt auch für Nahrungsmittelallergien.
Diese werden jedoch häufig von Patienten mit den Nahrungsmittelunverträglichkeiten verwechselt. Hier handelt es sich um einen Oberbegriff, dem neben den Nahrungsmittelallergien auch Vergiftungen und Aversionen zugeordnet werden. Unter Nahrungsmittelunverträglichkeiten fallen auch so genannte »pseudoallergische Reaktionen«, die denen der Allergie gleichen können. Jetzt könnte man sagen, es sei gleichgültig, durch welchen Wirkungszusammenhang die Beschwerden hervorgerufen werden. Das mag aus Sicht der Betroffen verständlich sein, aber das bedeutet, dass der Körper ebenfalls Symptome zeigt, die der allergischen Reaktion oft gleichen, aber es fehlt der Wirkmechanismus (die Bildung der Antikörper) wie bei einer Allergie. Diese Reaktionen sind deshalb nicht so einfach nachweisbar (z.B. durch Bluttest) und bedürfen meist einer umfangreicheren Erfassung der Krankheitsgeschichte. Hier ist es besonders zu empfehlen, ein Ernährungstagebuch zu führen, in dem die Ernährung detailliert aufgeführt wird und die Beschwerden eingetragen werden. Das kann die Suche nach dem Allergen erheblich erleichtern. Darüber hinaus wird vielen Betroffenen durch das Führen des Tagebuches ihr Ernährungsverhalten erst richtig bewusst.

Wie schon ausgeführt, ist es oft nicht einfach, die genaue Ursache zu finden, zumal nicht immer gleich eine Reaktion nach dem Kontakt mit dem auslösenden Allergen erfolgt und deshalb ein Zusammenhang schwerer zu ermitteln ist.

Die Voraussetzung dafür, eine Allergie erfolgreich behandeln zu können, ist aber eine genaue Diagnose.

Wie mithilfe von Nahrungsmitteln und deren systematischem Einsatz eine Diagnose möglich ist, zeigen folgende Verfahren.

Diagnoseverfahren

- Anamnese (Erhebung der Krankheitsgeschichte)
- Auswertung des Ernährungstagebuches, um den möglichen Zusammenhang zwischen allergischen Reaktionen und dem Genuss von einem oder mehreren Nahrungsmitteln zu ermitteln
- Hauttest (siehe S. 35), zu dem ergänzend häufig der so genannte
- RAST-Test angewendet wird, mit dem sich die Antikörper (IgE) im Blut nachweisen lassen.

Ist der Hauttest positiv oder werden die Antikörper nachgewiesen, ist das lediglich ein Hinweis, dass der Körper empfindlich reagiert. Das heißt aber noch nicht, dass der Verzehr des verdächtigen Nahrungsmittels auch tatsächlich zu Beschwerden führt.

Den sicheren Nachweis einer Nahrungsmittelallergie bringen deshalb diagnostische Diäten:

Diagnostische Diäten

- Eliminationsdiät: Das verdächtige Nahrungsmittel wird weggelassen.

- Provokation: Verdächtige Nahrungsmittel werden gezielt eingesetzt und auf die Reaktion getestet

und/oder

- Basisdiät: Über 10–14 Tage werden allergenarme Nahrungsmittel eingesetzt.

- Suchdiät: Alle drei Tage wird ein neues Nahrungsmittel zur Basisdiät hinzugegeben.

Welche dieser Maßnahmen angewendet wird und wie die Diäten zusammengestellt sind, ist immer individuell auf den Patienten abzustimmen. Diese Maßnahmen beruhen auf einer Zusammenarbeit zwischen dem Patienten, dem Arzt und dem Ökotrophologen (Ernährungsberater). Die Provokation erfolgt in der Klinik und steht unter Beobachtung eines Arztes, wenn heftige Reaktionen zu erwarten sind.

Eine Auslassdiät (Eliminationsdiät) kann dann sinnvoll sein, wenn nur wenige Nahrungsmittel verdächtigt werden. Hier werden die unter Verdacht stehenden Nahrungsmittel eins nach dem anderen für einen bestimmten Zeitraum (bis zu sechs Wochen) einfach weggelassen. Tritt dann Beschwerdefreiheit ein, wird dieses Lebensmittel weiterhin weggelassen. Nach einem Jahr kann man ausprobieren, ob man gegen dieses Nahrungsprodukt immer noch allergisch ist. Waren die Beschwerden heftig oder bedrohlich, ist ein Arzt hinzuzuziehen.

Die natürlichste Methode ist also, wenn das Allergen definiert ist, die Essgewohnheiten dementsprechend umzustellen und das Allergen zu meiden. In den meisten Fällen bieten sich einfache Alternativen an, um die Ernährung dennoch ausgewogen und vollwertig zu gestalten (siehe jeweilige Empfehlungen). Dies gilt vor allem bei der Auswahl frischer Nahrungsmittel. Schwieriger wird es bei weitgehend verarbeiteten Nahrungsangeboten und bei Fertiggerichten. Hier ist vor allem auf die Deklaration zu achten.

Kommen jedoch mehrere Nahrungsmittel in Betracht und ist die Anzahl zu groß, die als Auslöser von Allergien verantwortlich gemacht werden können, dann wird eine allergenarme Basisdiät durchgeführt.

Diese besteht aus bekömmlichen Nahrungsmitteln, die so ausgewogen wie möglich und unter Rücksicht auf individuelle Vorlieben für den Einzelnen verträglich zusammengestellt wird.

Schema einer allergenarmen Kost

Getreide:	Reis, Dinkel, Weizen, Roggen, Hafer (Brot ohne Milch, Ei, Soja)
Gemüse:	Spargel, Zucchini, Mais, Kohlrabi, Erbsen, Kartoffeln
Obst roh:	Banane
Obst gekocht:	Birne, Ananas, Pfirsich, Aprikose
Fleisch:	Geflügel, Lamm, Rind, Schwein
Fisch:	alle Sorten, ohne gewürzte Panade (natur gebraten oder gekocht)
Aufschnitt:	Bratenfleisch
Marmelade:	Aprikose, Ananas
Fett:	Rapsöl, Margarine (ohne Soja, Milch, Ei)
Gewürze:	Salz, weißer Pfeffer
Süßen:	Haushaltszucker, Traubenzucker
Getränke:	Mineralwasser, Fencheltee, Reisdrink, Kaffee oder schwarzer Tee (2 Tassen/Tag)

(Nach Fachkrankenhaus Kloster Grafschaft, Schmallenberg-Grafschaft)

Dieses Schema ist natürlich nur eine allgemeine Vorgabe und muss auf jeden Betroffenen individuell angepasst werden. So ist auszuschließen, dass eines der im Schema aufgeführten Nahrungsmittel ein Allergieauslöser sein kann oder dass es zu einer Unverträglichkeitsreaktion kommt.

Bei einer sich anschließenden Suchdiät wird täglich ein Nahrungsmittel ergänzt. So kann beobachtet werden, welche Nahrungsmittel vertragen werden und welche zu den Beschwerden führen.
Auch diese Phase wird in jedem Fall unter ärztlicher Betreuung durchgeführt, wenn die Gefahr heftiger Reaktionen besteht.

Wenn Sie eines oder mehrere der allergieauslösenden Nahrungsmittel über ein Jahr gemieden haben, können Sie auch bei diesem Verfahren unter ärztlicher Beobachtung versuchen, ob das Nahrungsmittel jetzt wieder von Ihnen vertragen wird. Diese Fälle sind nicht selten, aber sehr von dem individuellen Verlauf und der Art der Allergie abhängig.
Wenn alle diese Maßnahmen zu keinem Ergebnis, zu keiner Verbesserung führen, ist die Wahrscheinlichkeit sehr gering, dass es sich um eine Nahrungsmittelallergie oder -unverträglichkeit handelt.

Häufige Allergieauslöser in Nahrungsmitteln

Im Folgenden wird auf Nahrungsmittel näher eingegangen, die häufige Allergieauslöser sind. Bei einer allergischen Reaktion ist die Wahrscheinlichkeit relativ hoch, dass eines dieser Nahrungsmittel dafür verantwortlich ist. Leider gehören dazu auch Nahrungsmittelgruppen, die als besonders gesund angesehen werden.

Die Hauptallergene bei Erwachsenen sind Milch, Ei, Gemüse, Obst und Gewürze sowie Nüsse und Fisch.

Kuhmilch

Nur wenige der verschiedenen Milcheiweiße sind potente Allergieauslöser. Wichtige Allergene der Kuhmilch sind Kasein und Molkeneiweiße. Bei geringer oder mittlerer Sensibilität auf Kuhmilcheiweiß hängt die Verträglichkeit auch von der Zubereitungsart ab. Molkenproteine verlieren, im Gegensatz zum Kasein, durch Kochen ihre allergene Potenz. Bei der Käse- und Joghurtherstellung verringert sich durch Erhitzen und Fermentieren die allergene Wirkung.

Kuhmilch kann enthalten sein in:

Cremesuppen, Soßen, Eis, Pudding
Feinkostsalaten, Mayonnaise, Senf, Ketchup
Brot, Brötchen, Gebäck und Kuchen
Wurstwaren
Likören
Milchersatzprodukten (Kaffeeweißer, Brotbelag usw.)

Empfehlungen

Kuhmilch ist u. a. ein wichtiger Eiweiß- und Kalziumlieferant in unserer Nahrung. Bei nicht vorhandener Sojaallergie können Produkte auf Sojabasis eine gute Alternative sein. Als Kalziumquelle dienen kalziumreiche Mineralwässer und Fruchtsäfte.

Hühnerei

Hier ist es entscheidend, ob der Betroffene auf den hitzeempfindlichen oder den hitzestabilen Eiweißbestandteil reagiert. Auch wird meist das Eigelb besser vertragen, weil sich die Allergene eher im Eiklar befinden. Je nach Menge und Form der Zubereitung werden Eier von manchen Allergikern durchaus vertragen und andere reagieren schon auf sehr kleine Mengen sehr heftig.

Sahnetorten sind nicht gut für die schlanke Linie, verbieten sich aber bei Menschen, die auf Milch und Eier allergisch reagieren, schon aus diesen Gründen.

Hühnerei kann enthalten sein in:

Brot- und Backwaren, Kuchen, Torten
Teigwaren, Klößen, Kroketten
Eiscreme, Milchpulver
Panaden, Fertiggerichten
Margarine, Suppen, Mayonnaise
Schokolade, Kakao

Empfehlungen

Als Ei-Ersatz bieten sich als Eiweißlieferant Soja und Sojaprodukte an, wenn keine Allergie dagegen vorliegt. Bei der eigenen Zubereitung von Speisen kann auf Agar-Agar (z.B. Pudding) oder zum Backen auf Pflanzenöl und Backpulver zurückgegriffen werden.

■ Fisch

Bei einer bestehenden Allergie auf Fisch kann der Zubereitungszustand hier leider nichts ändern. Fischallergene sind nicht nur aggressiv, sondern sehr hitzestabil und Fisch wird deshalb von Fischallergikern weder gekocht noch roh vertragen.
Fischallergiker zu sein bedeutet aber nicht, dass man auf jede Fischart verzichten muss. Süßwasserfische wie die Forelle werden weitaus häufiger vertragen als Salzwasserfischarten wie beispielsweise Kabeljau, Hering oder Rotbarsch. Schalentiere wie Garnelen, Hummer, Krebse und Muscheln sind hier besonders zu erwähnen, weil sie unmittelbar nach dem Verzehr heftige Reaktionen auslösen können.

Empfehlungen

Bei einer nachgewiesenen Fischallergie kann nur die vollständige Vermeidung von Fisch empfohlen werden, da durch unterschiedliche Zubereitungsarten die allergene Wirkung nicht verringert werden kann.

Gemüse

Bei allergischen Reaktionen auf Gemüse liegt häufig gleichzeitig eine Allergie gegen Pollen vor. Man spricht von einer Kreuzallergie oder von einer assoziierten Nahrungsmittelallergie, auf die wir noch näher eingehen werden (siehe S. 47).

Allerdings verlieren die Allergene vieler Gemüsearten ihre Wirkung, weil sie sehr hitzeempfindlich sind. Karotten beispielsweise sind roh häufige Allergieauslöser, werden aber im gekochten Zustand gut vertragen. Sellerie dagegen hat ein hohes allergenes Potenzial. Für Sellerieallergiker ist es nicht entscheidend, auf welchen Bestandteil im Sellerie sie allergisch reagieren. Sellergieallergene sind hitzestabil und für Sellerieallergiker und auch für Beifußallergiker ist Vorsicht beim Verzehr geboten.

Soja

Die Sojabohne enthält verschiedene Eiweiße, deren allergenes Potenzial sehr unterschiedlich ist. Für manche Allergiker sind daher verarbeitete und erhitzte Sojabestandteile gut verträglich, weil sie nur auf die hitzeempfindlichen Bestandteile reagieren.

Soja wird mittlerweile bei sehr vielen Nahrungsprodukten zur Herstellung verwendet. Deshalb ist es sehr wichtig, darauf zu achten, wo es als Zusatzbestandteil eingesetzt wird. Dies ist in der Regel auf den Verpackungen gekennzeichnet, jedoch nicht immer einfach zu ersehen – so wird beispielsweise der Emulgator Lezithin (E 322) vorwiegend aus Soja gewonnen.

Sojabestandteile können z.B. enthalten sein in:

- Brot, Brötchen, Backwaren, Backmischungen
- Müsli
- Fertig- und Nudelgerichten

Getreidebratlingen
vegetarischen Brotaufstrichen
Wurst
Mayonnaise, Fertigsalaten
Schokoladenerzeugnissen

Empfehlungen

Im Zweifel lohnt sich immer ein Blick auf das Zutatenverzeichnis. Ist aus der Zutatenliste nicht eindeutig ersichtlich, ob Sojabestandteile verwendet wurden, verzichten Sie besser auf den Verzehr.

Suchen Sie sich einen Bäcker oder Metzger Ihres Vertrauens, der Ihnen genau Auskunft über die Zutaten geben kann. Das ist zwar selten geworden, aber möglich. Fragen Sie Hersteller von Produkten, ob Soja verwendet wurde.

Obst

Wie beim Gemüse gilt auch hier, dass sehr häufig Allergiker betroffen sind, die eine Pollenallergie haben. Auch hier sei auf die Kreuzallergien (siehe S. 47) verwiesen.

Gewürze und Kräuter

Es gibt eine Unzahl von Gewürzen, Kräutern und Mischungen davon, die sich durch die über die Jahrzehnte gewachsene Vorliebe für Speisen aus dem Ausland im wahrsten Sinne des Wortes fast grenzenlos erweitert hat. Leider sind einige darunter, die zu den aggressiven Allergieauslösern zählen. Zuerst genannt werden kann hier sicherlich das Selleriegewürz und Curry als Mischung.
Auch schwarzer und grüner Pfeffer, Paprikapulver, Basilikum, Oregano sowie Beifuß und Petersilie können problematisch sein.

Empfehlungen

Wenn Sie die Gewürze in kleinen Mengen zugeben und mitgaren, verringert sich das allergene Potenzial und sie können dann durchaus vertragen werden. Auch getrocknete Gewürze sind oft besser verträglich als frische.

Wenn Sie auf bestimmte Gewürze reagieren, verwenden Sie keine Mischungen, bei denen Sie nicht wissen, wie sie zusammengesetzt sind.

Getreide

Eine Allergie ist meist von ein oder zwei bestimmten Getreidearten abhängig und steht oft im Zusammenhang mit einer Pollenallergie (siehe Kreuzallergie). Eine Allergie gegen Weizen oder Roggen ist nicht zu verwechseln mit einer Unverträglichkeit gegen das Getreidekleber-Eiweiß Gluten. Hier liegt ein Gendefekt zugrunde und das Gluten schädigt die Darmschleimhaut; die Betroffenen müssen auf alle Getreidearten, die Gluten enthalten, verzichten. Das sind: Weizen, Roggen, Dinkel, Hafer und Gerste.

Bei einer Allergie liegen oft nur Reaktionen gegen ein oder zwei Getreidearten vor, die es zu meiden gilt.

Kreuzallergien

Kreuzallergien werden auch als assoziierte oder pollenassoziierte Nahrungsmittelallergien bezeichnet. Diese allergische Reaktion beruht darauf, dass Pollen und bestimmte Nahrungsmittel identische oder sehr ähnliche Allergene besitzen können, so zum Beispiel Birkenpollen und Äpfel. Aber auch bei einer Allergie auf Latex kann es zu Kreuzreaktionen kommen, zum Beispiel mit Obst wie Bananen und Orangen.

Häufige Kreuzreaktionen

Bei Allergie auf Baumpollen (Birke, Hasel, Erle) allergische Reaktion auf:
Nüsse (v.a. Haselnuss), Stein-/Kernobst, Kiwis, rohen Sellerie, rohe Karotten, rohe Kartoffeln (bei Berührung), Avocado, Paprika, Tomate

Bei Allergie auf Gräser- und Getreidepollen allergische Reaktion auf:
Mehle, wenig verarbeitete Getreideprodukte (Müsli), Hülsenfrüchte (v. a. Soja und Erdnüsse)

Bei Allergie auf Kräuterpollen allergische Reaktion auf:
Kräuter (Beifuß, Kamille, Pfefferminze, Basilikum, Estragon, Dill) und Gewürze (Kümmel, Anis, Fenchel, Paprika, Curry, Muskat, Sellerie und Pfeffer)

Bei Allergie auf Latex allergische Reaktion auf:
Bananen, Avocados, Feigen, Mangos, Esskastanien, Ananas, Papayas, Melonen, Orangen, Pfirsiche, Maracujas

Empfehlungen

Zeigt ein Allergietest das Ergebnis, dass es bei ein oder mehreren Nahrungsmitteln zu Reaktionen kommen kann, sind diese zu meiden. Allerdings gibt es Verlaufsformen, bei denen es nur während der Zeit des entsprechenden Pollenfluges zu den Beschwerden kommt und der Verzicht in dieser Phase genügt.
Bei einigen Obst- und Gemüsearten sind die Allergene nicht hitzestabil und diese Sorten sind deshalb in gekochtem Zustand verträglich. (Das gilt nicht für Sellerie, Nüsse sowie Erdnüsse, die häufig in anderen Nahrungsmitteln verarbeitet werden und deren Allergene hitzestabil sind und deshalb gemieden werden müssen.)
Eine Allergie oder Kreuzallergie auf bestimmte Obst- und Gemüsearten schränkt die Nahrungsmittelauswahl ein. Es ist deshalb besonders wichtig, auf eine ausgewogene und vielseitige Ernährung zu achten.

Seltene Allergieauslöser

Häufig werden Nahrungsmittel, Getränke oder Zusatzstoffe für eine Allergie verantwortlich gemacht, die nach dem (heutigen) Stand der Wissenschaft oft nicht zu den Auslösern zählen. Dies sollte man wissen, um bei der Suche nach allergenen Substanzen auch Wahrscheinlichkeiten zu berücksichtigen.

Tierische Nahrungsmittel:
- Fleisch

Pflanzliche Nahrungsmittel:
- Kartoffeln
- Reis, Buchweizen, Mais, Hirse
- Spargel, Kohlgemüse, Kürbis, Auberginen, Blattsalate, Salatgurke, Rettich, Radieschen, Tomaten (mit Einschränkung)
- Zitrusfrüchte, Bananen, Beerenobst, Erdbeeren
- Olivenöl, raffiniertes Rapsöl

Getränke:

Mineralwasser, Kaffee, Tee (schwarz, nicht aromatisiert), Fenchel- und Lindenblütentee

Eine Allergie gegen Zucker ist nicht bekannt.

Zusatzstoffe, so sehr man auch darüber diskutieren mag, sind nicht so häufig wie angenommen die Auslöser einer Allergie, so befremdlich uns die E-Nummern auch erscheinen. Wenn allergische Reaktionen erfolgen, kommt es meist zu einer Pseudoallergie.

Pseudoallergien

Pseudoallergien können die gleichen oder ähnliche Beschwerden hervorrufen wie Allergien. Im Unterschied zu Allergien, bei denen es zu verzögerten Reaktionen kommen kann, treten die Reaktionen direkt auf. Während bei einer Allergie schon kleine Mengen ausreichen können, um eine heftige Reaktion auszulösen, ist bei Pseudoallergien meist eine höhere Menge des Pseudoallergens notwendig, um Beschwerden auszulösen. Auch kann der Körper direkt reagieren, ohne gegen den Auslöser vorher sensibilisiert zu sein und kann bei Auftreten des Allergens, wie bei einer Allergie, dann die Botenstoffe ausschütten, die zu den Beschwerden führen. Es kommt nicht wie bei den Allergien zur Bildung von Antikörpern, die im Blut nachweisbar sind. Deshalb wird hier die Auslassdiät als Nachweismethode eingesetzt (siehe S. 38).

Typische Auslöser sind:

Konservierungsstoffe wie Benzoesäure (E210–219) in
- Fertigsalaten,
- Fischmarinaden,
- Konserven;

wie Schwefeldioxid (E220–228) in
- Trockenobst und -gemüse,
- Kartoffelerzeugnissen,
- Wein;

wie Tartrazin (E 102) in
- Süßwaren,
- Puddingpulver,
- Senf,
- Spirituosen;

Benzoate und Salizylate natürlicher Herkunft in
- Beerenobst,
- Gewürzen;

noch unbenannte
- Histamin freisetzende Stoffe in Erdbeeren.

Weitere mögliche Auslöser sind biogene Amine. Biogene Amine sind biologisch hochaktive Substanzen, die eine positive Wirkung auf den menschlichen Organismus haben. Dazu zählen: Histamin, Tyramin, Phenylamin und Serotonin. Trotz der allgemeinen positiven Wirkung kann es bei diesen Substanzen zu nahrungsbedingten Überempfindlichkeiten kommen.

Nahrungsmittel mit einem hohen Anteil biogener Amine:

Histamin	Fischkonserven, besonders Thunfisch, Rohwurst, Käse, Sauerkraut, Rotwein
Tyramin	Käse, Fischkonserven, Sauerkraut, Schokolade
Serotonin	Walnüsse, Bananen, Ananas

Weil es, wie schon erwähnt, nicht zur Freisetzung von Botenstoffen kommt, können Pseudoallergien nur durch Eliminationsdiäten mit anschließender Provokation ermittelt werden (siehe S. 38).

Eine pseudoallergiearme Ernährung wird etwa drei Wochen durchgeführt. Nach 10–14 Tagen sollte bereits ein Diäterfolg erkennbar sein.

Nahrungsmittelintoleranzen

Nahrungsmittelintoleranzen werden ebenfalls oft mit Allergien verwechselt. Intoleranzen sind Nahrungsmittelunverträglichkeiten, bei denen ein Mangel eines bestimmten Verdauungsenzyms vorliegt (siehe Beispiel Laktoseintoleranz unten). Auch hier können die Beschwerdebilder ähnlich dem einer Allergie ausfallen. Deshalb werden sie auch hier aufgeführt. Weil der Wirkungszusammenhang einer Allergen-Antikörperbildung jedoch nicht besteht, genau wie bei den Pseudoallergien, müssen diese Unverträglichkeiten mit speziellen Testmethoden (z.B. Atemtest) ermittelt werden.
Leidet ein Patient an einem Enzymmangel und wird deshalb beispielsweise der Milchzucker (Laktose) nur unzureichend oder nicht im Dünndarm gespalten, kann man das in der Atemluft messen. Denn Darmbakterien zersetzen die Milchzuckermoleküle dann im Dickdarm, wodurch Gase entstehen. Diese diffundieren durch die Darmwand und werden über die Lunge »abgeatmet«. Je mehr Milchzucker im Dickdarm zerlegt wird, umso höher ist auch der Wasserstoffgehalt in der Atemluft, den man bei diesem Verfahren messen kann.

Laktoseintoleranz

Die Laktoseintoleranz ist eine Nahrungsmittelunverträglichkeit. Sie wird auch als Milchzuckerunverträglichkeit bezeichnet. Die Laktoseintoleranz ist keine Allergie, sie löst keine Immunreaktion (Antikörperbildung) im Körper aus. Sie ist deshalb auch nicht zu verwechseln mit der Milchallergie.
Die Ursache der Laktoseintoleranz ist ein so genannter Enzymdefekt. Die zur Milchzuckerverdauung benötigten Laktase-Enzyme sind nur unzureichend vorhanden. Die Laktose wird nicht über die Dünndarmschleimhaut aufgenommen, sondern im Dickdarm vergoren. Das führt zu Beschwerden wie Übelkeit, Durchfall, Blähungen, Verstopfung, Hautreaktionen, Schwindel, ja sogar zu Depressionen.

Nicht geeignete Nahrungsmittel:

- Milch, Milchprodukte
- Süßwaren (Milchschokolade, Nougat, Pralinen)
- Brot und Backwaren (wenn Milch und Milchpulver verwendet wird)
- Instant-Erzeugnisse (Pulver, Instant-Suppen, -Soßen, -Cremes)
- Fertiggerichte (auch Fertigteilgerichte)
- Fleisch- und Wurstwaren (beim Fleischer nachfragen)
- versteckte Milchzuckerprodukte (Tabletten, Müslimischungen)

Empfehlungen

Je nach Schweregrad der Laktoseintoleranz sind Milch und Milchprodukte sowie Nahrungsprodukte, die Milchzucker enthalten, entweder ganz zu meiden oder nur eingeschränkt zu verwenden. Der Schweregrad wird durch die Anamnese und den entsprechenden Test individuell ermittelt. Daraus leiten sich auch die entsprechenden Empfehlungen ab, die für jeden Einzelnen verschieden sein können.

Einige reagieren bereits bei sehr geringen Laktosemengen (< 3 g) mit Beschwerden. Der weitaus größere Teil der Betroffenen ist jedoch bei einer laktosearmen Kost (8–10 g) Laktose noch beschwerdefrei.
Die Laktosemengen der Nahrungsmittel sind also zu beachten und die verschiedenen Nahrungsmittel im Hinblick auf ihre Verträglichkeit für jeden individuell zu prüfen.
Bei Betroffenen, die sich sehr stark einschränken müssen, besteht die Gefahr, nicht ausreichend mit Kalzium versorgt zu werden. Kalziumreiche Nahrungsmittel, Nahrungsmittel, die über 100 mg Kalzium pro 100 g enthalten, sind vor allem Sesam, dann Spinat, Grünkohl, Fenchel, Brokkoli, Bohnen (weiß), Mandeln, Feigen, Petersilie, Schnittlauch und Brunnenkresse. Bei den Getränken kann auf kalziumreiche Mineralwässer und entsprechende Fruchtsäfte ausgewichen werden.

Fruktoseintoleranz

Bei der Fruktoseintoleranz lassen sich zwei Formen unterscheiden. Bei der einen, der hereditären Fruktoseintoleranz, ist der Enzymmangel vererbt. Er kann anhand einer Blutprobe nachgewiesen werden. Diese Form kommt jedoch sehr selten vor.
Die zweite Form ist eine Malabsorption und das bedeutet, dass die Nährstoffaufnahme aufgrund eines Enzymmangels gestört ist. Dieser Defekt kann vererbt, aber auch erworben werden.
Beide Formen müssen voneinander unterschieden werden, da sie sich in den Maßnahmen und in den Auswirkungen voneinander unterscheiden. Liegt eine Malabsorption vor, so müssen – im Gegensatz zur hereditären Fruktoseintoleranz – fruktosehaltige Nahrungsmittel nicht komplett gemieden werden.

Die Beschwerdebilder können unspezifisch sein und sich in Form von Übelkeit, Schlafstörungen, Erbrechen, Müdigkeit, Atemnot, Durchfällen und Depressionen äußern.

Empfehlungen bei Fruktosemalabsorption

Fruktosehaltige Nahrungsmittel wie Obst und Gemüse müssen nicht komplett gemieden werden. Die verschiedenen Nahrungsprodukte sind aber auf ihre Verträglichkeit für jeden Einzelnen zu überprüfen. Dabei ist es keineswegs so, dass Fruktose – als Fruchtzucker bezeichnet – nur in Früchten zu finden ist. Fruktose begegnet uns auch als ein Bestandteil des Haushaltszuckers und ist deshalb in sehr vielen verarbeiteten Nahrungsmitteln zu finden.

Für die meisten Fälle reicht es aus,

- die Aufnahme von Fruktose zu reduzieren (maximale Zufuhr freier Fruktose 10 g pro Mahlzeit),
- die Zufuhr von Sorbit (Zusatzstoff E 420) zu meiden.

Bei gleichzeitiger Aufnahme von Glukose (Zuckerbestandteil, Traubenzucker) in der Nahrung oder als freie Glukose wird auch die Fruktose besser resorbiert (von der Darmwand aufgenommen) und deshalb besser vertragen. Das ist jedoch individuell sehr unterschiedlich und muss kontrolliert auf jeden Einzelnen abgestimmt werden.

Gemüsesorten mit wenig Fruktose sind: Schwarzwurzel, Erbsen (Dose), Blattspinat, Endivie, Feldsalat, Mangold, Rhabarber, Champignons, aber auch Oliven und Zitronen enthalten wenig Fruktoseanteile.

Ernährungstherapie bei Asthma bronchiale

Die Ernährungstherapie bei Asthma bronchiale ist abhängig davon, welche Ursache das Asthma hat. Ist das Asthma allergisch ausgelöst, gelten die Empfehlungen, wie sie unter Allergie zu finden sind. Denn sollte beispielsweise ein Nahrungsmittel oder Hausstaub der Auslöser sein, sind entsprechende Tests durchzuführen, die das bestätigen. Daraus kann man dann die entsprechende Therapie ableiten, wie z.B. das Meiden eines Nahrungsmittels.

Wenn das Asthma nicht allergiebedingt ist, lassen sich Ernährungsempfehlungen ableiten, die den Krankheitsverlauf günstig beeinflussen können.

Eine besondere Bedeutung kommt dabei den Vitaminen C und E zu. Hier konnte ein Einfluss auf den Verlauf der Erkrankung und darauf, wie intensiv sich Asthma entwickelt, nachgewiesen werden. In Studien konnte nachgewiesen werden, dass eine hohe Vitamin-C-Zufuhr die Lungenfunktion verbessert. Auch dem Beta-Karotin wird ein Schutzeffekt zugeschrieben.

Asthma ist eine entzündliche Erkrankung der Bronchialschleimhaut. Mehrfach ungesättigte Fettsäuren (Omega-3-Fettsäuren) haben einen hemmenden Effekt auf Entzündungen, indem sie die Freisetzung von

Entzündungsmediatoren vermindern. Positive Wirkungen auf allergische und chronisch-entzündliche Erkrankungen sind demnach denkbar.
Es ist auch Zurückhaltung bei Salz geboten, da ein hoher Kochsalzkonsum die Symptomatik verstärken kann.

Empfehlungen

Hier hat das Normalgewicht eine gewisse Bedeutung, weil ein Übergewichtiger schneller außer Atem gerät. Zu vermeiden sind blähende Speisen wegen des dadurch entstehenden Drucks auf das Zwerchfell. Es macht Sinn, die Essensmenge pro Mahlzeit zu reduzieren und auf mehrere Mahlzeiten am Tag zu verteilen.

Wegen der Vitaminversorgung (Vitamin C, E; Beta-Karotin) ist es wichtig, viel Obst und Gemüse zu essen. Dabei sind hier blähende Sorten zu vermeiden. Essen Sie kohlenhydratreich mit Reis, Kartoffeln, Nudeln und ballaststoffreichen Vollkornprodukten. Damit entlasten Sie nicht nur die Verdauungsorgane, sondern auch das Herz-Lungen-Kreislauf-System.

Fette tierischer Herkunft sollte man eher meiden und auf pflanzliche Fette (Olivenöl, Rapsöl usw.) wegen der Omega-3-Fettsäuren zurückgreifen. Salz sollte sparsam verwendet werden.

Um die Muskeln und auch die Muskelmassen der Lunge zu stärken und ihre Vitalkapazität zu verbessern – was auch Ziel der Yoga-Übungen ist –, ist vor allem auf die Aufnahme eiweißhaltiger Nahrungsmittel wie Eier, Fleisch, Fisch, Milch, Milchprodukte, Tofu, Nüsse zu achten.

Bei gleichzeitiger Einnahme von harntreibenden Medikamenten können die Kalium- und Kalziumverluste durch die entsprechende Nahrung ausgeglichen werden. Kalium und Kalzium spielen bei der Muskelanspannung (auch der Lungenmuskulatur) eine Rolle.

Kaliumreich sind beispielsweise Orangensaft, Bananen, getrocknete Früchte, Kartoffeln, Lachs; kalziumreich sind hauptsächlich magere Milch, magere Milchprodukte, Hartkäse (siehe Nahrungsmittel S. 54).

Ernährungstherapie bei Neurodermitis

Die Neurodermitis wird auch als atopische Dermatitis, atopisches oder endogenes Ekzem bezeichnet. Wie bei der Allergie wird eine genetische Disposition, also eine erbliche Veranlagung verantwortlich gemacht. Die Ursache für diese Erkrankung ist nur unvollständig geklärt.

Viele Betroffene haben diese Erkrankung vom Kindesalter an. Der überwiegende Teil wird dabei von Nahrungsmitteln ausgelöst. Diese Überempfindlichkeiten können allergisch bedingt sein, aber auch pseudoallergische (siehe Pseudoallergie) Reaktionen sein, vor allem auf Lebensmittelfarbstoffe und Konservierungsstoffe und natürlich vorkommende Inhaltsstoffe. In diesen Fällen entsprechen die therapeutische Vorgehensweise und die Empfehlungen denen bei Allergien (siehe Allergien).

Empfehlungen

Natürlich ist auch hier, wie bei der Allergie schon erwähnt, die Reaktion auf bestimmte Auslöser individuell und die Nahrungsmittelauswahl auf den Einzelnen abzustimmen.

Besonders hervorzuheben ist die Wirkung von Omega-3-Fettsäuren (Fisch, -öl). Diesen Fettsäuren wird eine antientzündliche Wirkung zugeschrieben und Studien haben gezeigt, dass es bei entsprechender Zufuhr zu einer Verbesserung der Symptomatik kam.

Eine andere Strategie besteht darin, dass man in verschiedenen Kostformen Nahrungsmittel mit den so genannten Triggereigenschaften (die

Neurodermitis bzw. Symptome der Neurodermitis auslösen können) eliminiert hat, doch diese Kostformen enthalten folgende Nahrungsmittel nicht: Milch, Milchprodukte, Eier, Schweinefleisch, Fisch, Geflügel, Nüsse und Lebensmittelfarbstoffe.
Auch das führt zur Verbesserung der Symptome. Hier kann individuell vorgegangen werden, d. h. mit Such- und Auslassdiäten kann man näher eingrenzen, welche Lebensmittel speziell Symptome auslösen (Näheres siehe Allergie S. 37f.).

Langzeitbeobachtungen zeigten jedoch auch, dass Überempfindlichkeiten mit zunehmendem Lebensalter spontan verschwinden können.
Ist dies im Lebensverlauf nicht der Fall, bleiben meist Reaktionen auf Ei, Milch, Soja, Weizen und Erdnüsse bestehen.

Nicht auszuschließen ist, dass ein Hefepilzbefall im Darm für die Entstehung von Neurodermitis verantwortlich ist. Hier ist eine kohlenhydratarme, vor allem zuckerfreie Ernährung zu empfehlen.

Milch ist eines der Nahrungsmittel, die man bei einer Ernährungstherapie bei Neurodermitis zunächst ausschließt.

Hier sind die häufigsten der Auslöser in Nahrungsmitteln genannt. Natürlich können auch alle anderen der bekannten Allergene zu den Überempfindlichkeitsreaktionen führen. Deshalb ist auch bei der Neurodermitis eine gründliche Erfassung der Krankheitsgeschichte erforderlich. Wird der Auslöser durch Tests oder Suchdiäten ermittelt, kann eine Beschwerdefreiheit bereits durch die Ernährungsumstellung erreicht werden.

Besteht ein Verdacht, dass Nahrungsmittel, die Nickel besonders anreichern und damit überdurchschnittlich zur Nickelaufnahme beitragen, für ein allergisches Kontaktekzem verantwortlich sind, sollten diese natürlich reduziert werden.
Leider wird der Nickelgehalt in Nahrungsmitteln auch von der Beschaffenheit des Bodens (Anbau) und der Luftverschmutzung mitbestimmt. Aber es gibt Nahrungsmittel mit besonders hohen Nickelwerten wie:

Kakaoprodukte,
Hülsenfrüchte,
Nüsse,
Vollkornprodukte,
Haferflocken.

Empfehlungen

Bei einer nickelarmen Kostform wird die Gesamtzufuhr von Nickel reduziert. Darüber hinaus ist darauf zu achten, dass säurehaltige Nahrungsmittel wie Spinat, Sauerkraut und Zitronen vermieden werden. Auch älteres Kochgeschirr (Stahl) setzt Nickel frei und der Hautkontakt mit nickelhaltigen Gegenständen ist ebenfalls zu meiden.

Generelle Empfehlungen zur gesunden Ernährung

Die Informationsflut zu diesem Thema ist unüberschaubar groß und jede Woche, so scheint es, gibt es neue Theorien und Diätvorschläge. Kaum jemand vermag hier den Überblick zu behalten, selbst Fachleuten fällt das schwer.
Eigentlich muss man auf weniger achten, als es zunächst den Anschein hat. Wenn wir einige wenige Regeln befolgen, uns vielseitig ernähren, mit frischen Nahrungsmitteln versorgen und auf Qualität achten, ist das Meiste schon gewonnen.

Deshalb sind hier nur einige allgemein gültige Grundsätze einer ausgewogenen, gesunden Ernährung aufgeführt:

- Viele Kohlenhydrate,
- viel frisches Obst und Gemüse,
- weniger Fett, tierische Fette reduzieren und durch pflanzliche (z.B. Öle) ersetzen,
- ausreichend Flüssigkeit, ungezuckert, alkoholfrei,
- und viel Zeit beim Essen lassen!

Dies sind die Eckpfeiler einer einfachen, aber schon sehr wirksamen Ernährungsempfehlung. Die Kernelemente einer Fehlernährung in industrialisierten Ländern bestehen meist darin, dass zu fett und zu süß gegessen wird. Allein dies zu reduzieren, macht schon viel aus.

Für sinnvoll und nachahmenswert halte ich in diesem Zusammenhang auch die Grundzüge der mediterranen Ernährung:

Einige Male pro Monat:	rotes Fleisch
Einige Male pro Woche:	Süßigkeiten, Eier, Geflügel, weiße Fleischsorten, Fisch
Täglich:	Käse, Joghurt, Olivenöl oder Rapsöl, frisches Obst, Hülsenfrüchte, Nüsse, frische Gemüse, Knoblauch, Zwiebeln, Kräuter, Brot, Teigwaren, Reis oder anderes Getreide und Kartoffeln

Besonders wichtig ist es, viel zu trinken. Mindestens 1,5 Liter Mineralwasser und/oder verdünnte Fruchtsäfte am Tag, besser sind allerdings mindestens 1,5–2 Liter. Auch mal ein Glas Wein zum Essen wirkt gesundheitsfördernd.

Dies sind allgemeine Empfehlungen, die nicht bei Allergien gelten, insbesondere auf Nahrungsmittel und bei Kreuzreaktionen. Hier ist darauf zu achten, keine Nahrungsmittel zu verwenden, die entsprechende Allergene haben, oder prophylaktisch Nahrungsmittel zu meiden, die eine hohe allergene Potenz haben (siehe Einzeldarstellung der Nahrungsmittel ab S. 42).

Ich denke, dass Sie jetzt genügend Möglichkeiten kennen gelernt haben, durch die Ernährung Einfluss auf Ihre Gesundheit und Ihre speziellen Erkrankungen zu nehmen.

Hülsenfrüchte könnten täglich auf dem Speiseplan stehen.

Ein ganz wichtiger Tipp: Machen Sie das Essen zu einem wesentlichen Bestandteil Ihrer Lebensfreude!

Nun möchte ich Sie mit den (Heil-)Wirkungen der Bewegungskomponente der »Dualen Körpertherapie«, dem Yoga, vertraut machen.

4.
Yoga – die Bewegungskomponente der »Dualen Körpertherapie«

Was ist Yoga?

Yoga heißt übersetzt so viel wie binden oder vereinen. Gemeint ist in der Yoga-Lehre damit die Harmonie zwischen Körper, Geist und Seele oder, anders ausgedrückt, zwischen körperlichen, geistigen und seelischen Energien.
Doch wie gelingt es uns, durch Yoga unseren Körper intensiver mit unserem Geist und unserer Seele zu vereinigen?
Durch die Entspannungs-, Konzentrations- und Körperübungen können wir intensiver unseren Geist erreichen, genauso wie umgekehrt sich unser Bewusstsein stärker auf unseren Körper richtet.
Es ist überliefert, dass es in Indien vor über 5000 Jahren schon die ersten Yoga-Übungen gab. Die Yoga-Lehre wurde von den Menschen dort entwickelt, um in Einklang mit sich und der Natur zu leben. Nun werden wir nicht die Zeit aufbringen können und müssen, so wie die damaligen Waldbewohner Tage und Wochen in der Natur zu verbringen. Aber wir können die Erkenntnisse dieser jahrtausendealten Tradition zur Verbesserung unserer Lebensqualität in der heutigen Zeit nutzen.

Durch die Körper- und Atemübungen, die mit Konzentration und tiefer Entspannung verbunden sind, versuchen wir den bestmöglichen Gesundheitszustand zu erreichen.

Die Yoga-Lehre ist hier mit ausgewählten Übungen bewusst auf die Krankheitsbilder Allergie, Asthma und Neurodermitis bezogen. Dabei werden wir die ganzheitliche Philosophie nicht ganz vernachlässigen, denn die Yoga-Lehre ist auf den Menschen in seiner Gesamtheit ausgerichtet.

Es gibt verschiedene Schwerpunkte des Yoga. Wir werden die Bereiche darstellen, in denen Patienten die für sie wichtigen Körperübungen und Atemtechniken lernen. Ebenso werden die relevanten Aspekte der Entspannung und Meditation aufgegriffen werden.

Yoga bedeutet nicht, wie vielleicht bei verschiedenen Sportarten, einen gewissen Trainingsstatus zu einem bestimmten Zeitpunkt zu erreichen. Auch in dieser Hinsicht darf jeder sofort entspannen, denn wer mit Yoga

beginnt, befindet sich bereits von Anfang an auf dem viel versprechenden Weg, neue Lebensenergien für sich zu erschließen. Und generell gilt:

Yoga kann jeder praktizieren.

Wir können die Yoga-Lehre nutzen, um unser individuelles Yoga-Programm zu entwickeln, und wir werden Erkenntnisse der Yoga-Praxis nutzen können, um Krankheiten zu lindern und wirksam behandeln zu kön-

In Indien gab es schon vor mehr als 5000 Jahren die ersten Yoga-Übungen.

nen. (Mit Yoga kann man auch Krankheiten verhüten, aber Sie haben sich ja vermutlich dieses Buch gekauft, weil Sie eine spezielle Krankheit bereits haben und diese heilen oder zumindest lindern wollen.)

Heilwirkungen von Yoga

Viele beklagen die Apparatemedizin und wie schnell man in Arztpraxen abgefertigt wird, ohne auf Verständnis gestoßen zu sein oder überhaupt etwas von sich und seinem Leiden erzählt zu haben. Dafür gibt es Ursachen, die leider auch unser Gesundheitssystem mit sich bringt. Vielfach werden die Symptome medizinisch behandelt, aber nicht ihren Ursachen auf den Grund gegangen. Das Konzept der »ganzheitlichen Betrachtung« des Menschen und seiner Erkrankung ist längst anerkannt und wird doch so selten berücksichtigt.

Es gilt ja nicht nur die körperlichen und äußeren Faktoren einer Krankheit möglichst genau für Diagnose und Therapie zu ermitteln, sondern auch mit einzubeziehen, dass viele Erkrankungen psychosomatische Ursachen haben.
Bei den Erkrankungen Asthma, Allergie und Neurodermitis sind die genauen Anteile von ursächlichen Faktoren schwer zu ermitteln.

Wir wissen nicht, warum bei einem Menschen eine Erkrankung zum Ausbruch kommt und bei einem anderen bei gleicher Veranlagung niemals Beschwerden auftreten. Wir wissen auch nicht, welche Faktoren genau zusammenwirken und wie groß der Einfluss psychosomatischer Ursachen dabei sein muss, um zu erkranken. Zu groß sind die individuellen Unterschiede. Aber wir können sagen, dass es Risikofaktoren gibt und Wahrscheinlichkeiten, unter denen die Gefahr zu erkranken erhöht ist. Zuerst spielt die Veranlagung eine große Rolle. Ein weiterer und entscheidender Faktor ist unsere Lebensweise. Risikofaktoren wie Rauchen, übermäßiger Alkoholkonsum, Übergewicht und ungesundes Essen sind z.B. Verhaltensweisen, auf die wir Einfluss haben. Die andere Seite ist, welche geistige Einstellung wir zu unserem Leben haben, und auch auf diese können wir Einfluss nehmen.

Unsere Psyche hat nachgewiesenermaßen Auswirkungen auf die Befindlichkeit unseres Körpers. Andererseits belastet eine Erkrankung unsere Psyche.
Durch einen entspannten Körper zu einer größeren Gelassenheit zu gelangen, ist eine gute Voraussetzung dafür, mit Stresssituationen, also auch Erkrankungen, gelassener umgehen zu können. Dies wirkt sich wiederum positiv auf unseren Körper und den Krankheitsverlauf aus.
In der Yoga-Lehre wird davon ausgegangen, dass durch diese Harmonisierung von Körper, Geist und Seele, also der Harmonisierung der psycho-physischen Situation, die größtmögliche Gesundheit erreicht werden kann.

Wie kann Yoga uns helfen, unsere psychische und physische Konstitution zu kräftigen?

Da Yoga auf der körperlichen, der geistigen und der seelischen Ebene wirkt, ist es in idealer Weise geeignet, körpereigene Kräfte aus diesen Ebenen zu erschließen und zu entwickeln.
So wie wir einen mit Wasser voll gesogenen Schwamm in die Hand nehmen und auspressen können, so können wir physisch auch durch Yoga auf unsere Körperfunktionen Einfluss nehmen. Sicherlich ist das ein sehr einfacher Vergleich und natürlich sind die Vorgänge in unserem Körper viel komplizierter, aber durch die Muskelbewegung bei den Yoga-Übungen bewegen wir nicht nur unseren Köper, sondern massieren gleichzeitig auch noch bestimmte Organe. Wir trainieren und fördern nicht nur unsere Beweglichkeit, sondern reinigen durch die Übungen unsere Gelenke und Muskeln von Ablagerungen. Dies betrifft auch unser Lymph-, Drüsen- und Venensystem, das auf äußerlichen Druck reagiert und Flüssigkeiten transportiert.

Die Bewegungsübungen, bei denen wir uns strecken, dehnen, beugen, anspannen und entspannen, sorgen für eine Selbstmassage und Selbstbehandlung unseres Körpers. So wie Sie sich äußerlich waschen, reinigt Yoga den Körper von innen.

Die Körperübungen (Asanas) wurden über Jahrtausende entwickelt, um jeden Muskel, jeden Nerv, die Organe und Drüsen zu aktivieren und zu trainieren. Der gesamte Stoffwechsel wird angeregt. Sie fühlen sich zunehmend leichter und gelenkiger.
Hinzu kommen die Konzentrationsübungen und die Meditation, die unsere mentale Ebene stärkt. Das ganze Nervensystem wird beruhigt.

Ein weiteres Beispiel für dieses Zusammenwirken von Körper und Geist ist die Atmung, ein wesentlicher Bestandteil von Yoga, der besondere Möglichkeiten der direkten Einflussnahme bietet, um die Vitalität des gesamten Organismus zu steigern und, wie bei Asthma, auf das betroffene Organ einzuwirken.

Wenn wir uns emotional erregen, kann das sofort Auswirkungen auf unsere Atmung haben. Wir atmen schneller und flacher. Beides ist ungünstig und kann sich schädlich auswirken. Wenn wir aber unsere Atmung kontrollieren und damit regulieren können, hat das umgekehrt Auswirkungen auf unseren emotionalen Zustand.

Der bewusste gleichmäßige Rhythmus der Atmung gleicht auch die Gedanken aus und beruhigt die Nerven – das versucht man mit den Atemübungen beim Yoga zu erreichen.

Es wird einige Zeit dauern, bis man die Atemtechniken beherrscht. Dennoch, auch hier gilt, mit dem Anfang ist das Meiste schon gewonnen. Mit der Zeit wird es Ihnen gelingen, durch kontrolliertes bewusstes Atmen einen ruhigeren Bewusstseinszustand zu erreichen (siehe Atmung S. 78).

Zufriedenheit stellt sich nicht zwangsläufig von alleine ein. Gesundheit ist kein Zufall. Sie kann erreicht oder gepflegt werden. Ruhe, Gelassenheit sind Zustände unserer Gedanken.

Regelmäßige Yoga-Übungen kräftigen die Muskeln und sorgen zusätzlich für eine stärkere Energiezirkulation im Körper. Dadurch werden die Organe besser mit Sauerstoff und Nährstoffen versorgt. Die gesamte Herz-Kreislauf-Situation wird verbessert.

Das Körperbewusstsein wird gestärkt, indem wir bei den Übungen eine maximale Konzentration zu erreichen versuchen. Wir konzentrieren uns auf die möglichst genaue Ausführung, hören aber gewissermaßen auch in uns hinein, wenn wir u. a. den Atem kontrollieren und unseren Herzschlag beachten. Damit entwickeln wir zunehmend eine stärkere Fähigkeit, unseren Körper bewusster wahrzunehmen.

Was Yoga bewirken kann – ein Beispiel:

Nach unseren Übungen im Studio setzen wir uns alle noch bei einer Tasse Tee und Keksen zusammen und plaudern.
Als eines Abends bis auf Petra schon alle gegangen waren, erzählte sie mir, wie froh sie darüber sei, ihren Mann vor einem Jahr überredet zu haben, einmal zu einer Probestunde mitzukommen. Es hätte nur einige Wochen gedauert, da sei er sogar öfter zur Yoga-Stunde gegangen als sie.
Heute könne sie feststellen, dass sich ihr Mann geändert habe. Er sei nicht mehr so aufbrausend und so schnell verärgert. Auch scheine er insgesamt zufriedener geworden zu sein und habe, wofür sie sehr dankbar sei, seinen Alkoholkonsum drastisch eingeschränkt.
Sie sieht im Yoga dafür den entscheidenden Auslöser.

Die therapeutische Wirkung von Yoga liegt in der stärkeren Bewusstwerdung von Körper, Seele und Geist.
Für Patienten, die erkrankt sind und die eventuell schon viele Ärzte konsultiert haben, von denen sie sich mehr Hilfe erhofft hatten, ist das vielleicht schwer vorstellbar. Sicherlich gibt es Grenzen für die Heilwirkung von Yoga und es kann hier nicht in Aussicht gestellt werden, dass durch Yoga jede Erkrankung geheilt werden kann. Aber wir selbst können tatsächlich durch das Praktizieren von Yoga ein wesentliches Stück dazu beitragen, eine Krankheit vielleicht in ihrem Verlauf zu stoppen, sie zu lindern oder uns sogar von ihr zu befreien.

Das körperliche und geistige Bewusstsein, das Bewusstsein unserer selbst, wird durch Yoga gefördert. Es ermöglicht uns auf bestimmte Bereiche Einfluss zu nehmen. Wir stärken die Wahrnehmungsfähigkeit uns selbst gegenüber und können physische und psychische Mangelzustände gezielter ändern, wenn wir sie erkannt haben.

Genau so, wie die Ursachen einer Krankheit im psychosomatischen Bereich liegen können, vielleicht unterbewusst, können wir durch bewusstes Einwirken und Förderung des Zusammenwirkens der geistigen und körperlichen Ebenen durch Yoga unser Wohlbefinden positiv beeinflussen.

Die Atmung

Die Atmung ist ein wichtiger Bestandteil der Körperübungen. Sie führen Ihre Körperübungen, zu denen wir ab dem nächsten Kapitel kommen werden, zu jeder Zeit mit der Kontrolle der Ein- und Ausatmung durch. Wie Sie das machen, wird in den einzelnen Bewegungsphasen immer erwähnt.
Achten Sie darauf, sich Ihrer Atmung bewusst zu werden. Die Bewegungsabläufe werden mit der Atmung koordiniert. Anfangs fällt es viel-

leicht noch etwas schwerer, bewusst ein- oder auszuatmen, während man eigentlich darauf achten will, die Bewegung möglichst genau auszuführen. Aber auch das ist eine Frage der Übung und stellt sich mit der Zeit von alleine ein.

Die meisten Menschen atmen zu flach und zu kurz. Sich seiner Atmung bewusster zu werden, kann dem schon entgegenwirken. Mit einer tieferen Atmung versorgen Sie Ihren Körper besser mit Sauerstoff und entschlacken ihn schneller. Das hält Sie nicht nur länger fit, Sie können sich auch besser konzentrieren.
Bei den einzelnen Atemübungen finden Sie die Wirkungen noch ausführlicher geschildert.

Atemübungen: Die Yoga-Vollatmung

Atemübungen (Pranayama) und die Wirksamkeit einer natürlichen Atmung sind in der Yoga-Lehre von entscheidender Bedeutung. Prana heißt Energie oder Kraft.
Mit diesen Übungen wird Ihnen Ihre Atmung bewusster werden und Sie können durch sie die Kraft Ihrer Lungen und damit Ihre Lebenskraft stärken.

Wir erlernen jetzt die Yoga-Vollatmung.

Um diese Vollatmung umzusetzen, ist es notwendig, sich der an der Atmung beteiligten Körperregionen bewusster zu werden.

Sie atmen grundsätzlich durch die Nase ein und aus, wenn nicht eine andere Empfehlung erfolgt. Die Nasenatmung hat den Vorteil, dass die Luft gereinigt, erwärmt und angefeuchtet wird. Wir sind so besser vor Infektionen und Krankheiten geschützt. Eine vorher durchgeführte Nasenspülung ist hier hilfreich.

Wir unterscheiden zunächst in:

- Bauch-Zwerchfell-Atmung,
- Schlüsselbein-Brust-Atmung,
- Flanken-Rippen-Atmung,

die im Folgenden geschildert werden. Die Übungen bitte nacheinander durchführen und jede Atemform etwa 10- bis 12-mal ausführen.

Sie sitzen dazu aufrecht in bequemer Haltung oder legen sich bequem auf den Rücken. Sie haben sich eventuell ein Kissen unter den Kopf oder Ihre Knie gelegt. Sie konzentrieren sich auf den ganzen Körper.

Wahrnehmung der Bauch-Zwerchfell-Atmung

Wenn Sie auf dem Rücken liegen, strecken Sie die Beine aus. Sie können auch wie abgebildet die bequeme Sitzhaltung einnehmen (siehe auch Sitzhaltungen). 1- bis 2-mal tief ein- und ausatmen, die Augen schließen und entspannen.
Sie legen jetzt beide Hände auf den Bauch. Sie konzentrieren sich auf Ihre Hände, die der Bauchbewegung beim Atmen folgen. Bei der Einatmung achten Sie darauf, dass sich der Brustkorb nicht weitet. Das Zwerchfell senkt sich, wenn Sie einatmen, und der Bauch wölbt sich nach außen.

Wahrnehmung der Schlüsselbein-Brust-Atmung

In gleicher Körperhaltung legen Sie jetzt Ihre Handflächen auf oder leicht unterhalb des rechten und linken Schlüsselbeins auf.
Sie stellen sich vor, wie der Luftstrom jetzt zu den Lungenspitzen am Rippenbogen gelangt. Der Brustkorb erweitert sich. Bitte versuchen Sie, die Schultern dabei nicht hochzuziehen.

Wahrnehmung der Flanken-Rippen-Atmung

Sie behalten Ihre Körperhaltung bei und legen die Hände jetzt seitlich auf die unteren Rippen. Sie versuchen sich so auf Ihre Atmung zu konzentrieren, dass beim Einatmen der Luftstrom vor allem in die Seiten des Brustkorbes fließt. Mit den Händen spüren Sie jetzt die seitliche Bewegung der Rippen.

Die Yoga-Vollatmung

Die Yoga-Vollatmung ist nun die Kombination dieser drei Atemformen in einem Atemzug.

Sie richten Ihre Aufmerksamkeit beim Einatmen darauf, wie der Atemstrom sich zunächst in dem unteren Teil der Lunge verteilt und dann den oberen Teil füllt. Der Bauch wölbt sich und dann werden der Brustkorb und die seitlichen Rippen geweitet.
Sie atmen entspannt aus.

Mit zunehmender Übungsdauer werden Sie diese Vollatmung mehr und mehr in Ihre natürliche und normale Atmung umsetzen. Sie werden feststellen, dass Sie diese Form der Atmung erfrischt, Ihnen mehr Energie gibt, Sie sich besser konzentrieren können und insgesamt ausgeglichener werden.
Bei längerem Yoga-Training wird sich diese Vollatmung unbewusst von selbst einstellen. Es empfiehlt sich deshalb, sich im Alltag immer wieder seiner Atmung bewusst zu werden und bei flacher Atmung diese zu korrigieren und auf die mittlerweile trainierte Vollatmung überzugehen.

Die Wirkung der Yoga-Vollatmung

Wir erreichen durch die Vollatmung nicht nur eine bessere Energiebilanz in unserem Organismus, werden nicht so schnell müde und können uns intensiver und länger konzentrieren, sondern wir stärken auch unsere gesamte Vitalität und die Körperabwehrkräfte. Hinzu kommt noch, dass wir über eine größere Gelassenheit verfügen, mit der es uns gelingt, manches an Alltagsproblemen souverän zu meistern.
Unser Nervensystem regelt die Hormonlage in unserem Körper. Wenn wir Angst haben, unter Stress stehen oder seelische Belastungen haben, kommt es verstärkt zu einer Adrenalinausschüttung. Das führt u. a. zur Muskelverspannung und Erhöhung der Herzfrequenz.

Wenn nun eine Stresssituation oder ein Angstzustand unsere Atmung negativ beeinflusst, können wir durch bewusste Atemsteuerung dieser Situation begegnen. Sollte uns also etwas aufregen, können wir durch entsprechendes Atmen Einfluss auf unser Herz-Kreislauf-System nehmen. Mit einer kontrollierten Atmung haben wir also direkten Einfluss auf diese Reaktionen und können sie regulieren und stabilisieren.

Neben der Wirkung auf das gesamte Wohlbefinden lassen sich bei Allergien, Neurodermitis und bei Asthma positive Auswirkungen auf die Krankheitssymptome und den Krankheitsverlauf feststellen.

Die kontrollierte Atmung und der direkte Einfluss auf das betroffene Organ, die Lunge, ist insbesondere für Asthmatiker von Bedeutung, weil die Vitalkapazität gesteigert wird und eine bessere Kontrolle in Auslöse- und Stresssituationen erfolgt. Die Atemtherapie ist ein wichtiger Bestandteil der Asthmabehandlung. Durch sie kann auch das richtige Verhalten bei einem Asthmaanfall gefördert werden.
Aber auch bei Allergien und der Neurodermitis ist die richtige Atmung wichtig, weil die Hormon- und Stoffwechsellage verbessert, das Immunsystem stabilisiert und das Nervensystem gestärkt und beruhigt wird.

Versuchen Sie im Alltag immer wieder auf Ihre Atmung zu achten. Gerade in Situationen, in denen Sie nervös sind oder wenn Sie sich müde fühlen.
Beobachten Sie zunächst Ihren Atem, ohne ihn zu beeinflussen. Anschließend atmen Sie 2- bis 3-mal tief ein und langsam wieder aus und versuchen in die Yoga-Vollatmung überzugehen. Machen Sie es sich zur Gewohnheit, so auf Ihre Atmung Einfluss zu nehmen, bis die Vollatmung immer mehr zu Ihrer normalen Atmung wird.

Die Ausatmung

Die Ausatmung verdient gesonderte Beachtung. Leider gehört es auch zu unserer Fehlatmung, dass wir nicht genügend ausatmen. Das hat zur Folge, dass sich Schlackenstoffe anreichern, wir dadurch schneller ermüden, unsere Konzentration nachlässt und wir krankheitsanfälliger werden.
Es ist vor allem darauf zu achten, die Ausatmung zu verlängern.
Versuchen Sie deshalb bei den Atemübungen länger aus- als einzuatmen.
Auch hier gilt der Grundsatz: Nicht übertreiben!

Atemübungen: Die Wechselatmung

Die Wechselatmung fördert nicht nur den Prozess, sich des Atemvorgangs bewusster zu werden, sondern verstärkt auch die Reinigung des Körpers, weil die Atmung vertieft und die Vollatmung gefördert wird. Das Blut wird konzentriert mit Sauerstoff angereichert. Mit dieser Übung erfolgt eine Blut- und Nervenreinigung, sodass diese Übung bei Asthma, Allergien, aber insbesondere bei Neurodermitis von Bedeutung ist.

Voraussetzung für diese Übung ist, dass Sie zu diesem Zeitpunkt bereits die Vollatmung beherrschen. Nehmen Sie sich dafür Zeit. Besonders geeignet im Ablauf der Übungsstunde ist es, die Wechselatmung nach den Körperübungen und vor der Entspannung auszuführen. Hier entfaltet sie ihre optimale Wirkung.

Setzen Sie sich auf einen Stuhl oder in Meditationshaltung (siehe Sitzhaltungen) auf ein Kissen und atmen 2- bis 3-mal tief ein und aus. Sie entspannen sich. Der Oberkörper ist gerade und Ihre Sitzhaltung bequem.

Mit dem Daumen der rechten Hand drücken Sie auf den Nasenflügel und halten das rechte Nasenloch zu. Sie atmen jetzt 6- bis 8-mal aus und ein. Anschließend nehmen Sie den Daumen weg. Jetzt drücken Sie mit dem Zeige- und Mittelfinger auf den linken Nasenflügel und atmen nur über das rechte Nasenloch ebenfalls 6- bis 8-mal ein und aus.

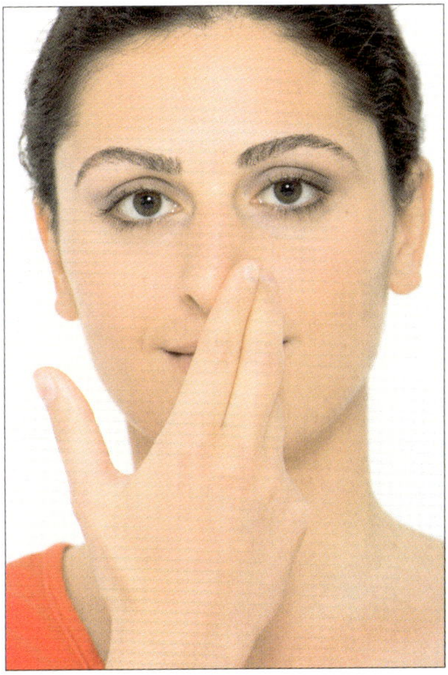

Mit zunehmendem Training und nach und nach können Sie die Anzahl der Ein- und Ausatmungen steigern, wenn Sie wollen auf 2–5 Minuten auf jeder Seite. Auch hier gilt der Grundsatz, es gerade am Anfang ruhig angehen zu lassen.

Variationen

Die Fingerspitzen des Zeige- und Mittelfingers der rechten Hand legen Sie auf das Augenbrauenzentrum zwischen beiden Augenbrauen über der Nase. Mit dem Daumen drücken Sie auf den Nasenflügel und halten das rechte Nasenloch zu. Sie atmen jetzt 6- bis 8-mal aus und ein. Anschließend nehmen Sie den Daumen weg, belassen aber die Fingerspitzen auf dem Augenbrauenzentrum. Jetzt drücken Sie mit dem Ringfinger auf den linken Nasenflügel und atmen nur über das rechte Nasenloch ebenfalls 6- bis 8-mal ein und aus.

Sie können die Atmung auch nach jedem Atemzug wechseln, indem Sie durch das rechte Nasenloch ein- und durch das linke ausatmen. Anschließend wechseln und durch das jeweils andere Nasenloch ein- und ausatmen.

Natürlich gibt es im Yoga eine Vielzahl von Atemübungen. Diese reichen jedoch für die hier angestrebten Ziele zunächst aus. Es empfiehlt sich jedoch langfristig, weiterführende Übungen zu erlernen. Ob Sie dies in einem Yoga-Kurs machen oder sie sich mithilfe eines Buches erarbeiten, bleibt Ihnen selbst überlassen.

Reinigungsritual Nasenspülung

Es gibt beim Yoga verschiedene Reinigungsrituale, von denen ich hier die Nasenspülung vorstellen will, weil sie neben den verschiedenen positiven Wirkungen vor allem für Pollenallergiker und Asthmatiker geeignet ist.

Die Reinigung der Nase gehört zu den traditionellen Ritualen des Hatha-Yoga.

Die Vorteile der Nasenspülung ergeben sich nicht nur für Allergiker in der möglichen Abmilderung von Heuschnupfen- und Allergiebeschwerden, sondern auch bei:

Beschwerden der Nasennebenhöhlen,
häufigen Erkältungen,
»verstopfter« Nase,
trockenen und damit krankheitsanfälligen Nasenschleimhäuten,
Mandel- und Rachenentzündungen,
Kopfschmerzen,
Sinnesorganen im Kopfbereich, die positiv beeinflusst werden können, und
Konzentrationsschwächen kann es hilfreich sein.

Durch die Nasenspülung werden Allergene wie Pollen und Ausscheidungen von Hausstaubmilben ausgespült. Auch Fremdkörper, Schmutzpartikel und Krankheitserreger werden entfernt. So können Erkältungen – das haben Studien bestätigt – bei regelmäßiger Anwendung sogar verhindert werden.
Die Verbesserung der Nasenatmung – und das gilt nicht nur für den Asthmatiker – kann den Atmungsprozess optimieren und damit die allgemeine Befindlichkeit positiv beeinflussen.

Die Nasenatmung ist wichtig, auf ihre Vorteile sind wir bereits im Abschnitt »Die Yoga-Vollatmung« näher eingegangen (siehe S. 73).

Auf dem Markt gibt es einige Angebote in verschiedenen Ausführungen, die mittlerweile teilweise ein recht anspruchsvolles Preisniveau erreicht haben.
Die natürlichste Form der Nasenspülung, wie sie von Yogis praktiziert und empfohlen wird, ist die Durchführung mit einer Neti-Kanne, einem speziell angefertigten Gefäß.
Diesem Anwendungsprinzip entspricht die Nasenspülkanne der GEK (Gmünder Ersatzkasse), siehe Abbildung auf S. 82.

Hier wird das Wasser nicht durch Druck in die Nase gepresst wie bei anderen Geräten, sondern es rinnt durch den Eigendruck in die Nase. Dieses Prinzip ist sehr anwenderfreundlich.
Die Nasenreinigung bedarf zu Anfang einer gewissen Gewöhnung, da bei den ersten Anwendungen ein ungewohntes Gefühl auftreten kann, wenn das lauwarme Wasser durch die Nase läuft. Aber das verliert sich schnell. Die Anwendung wird täglich 1- bis 2-mal empfohlen, am besten zu einer festen Tageszeit, z.B. immer nach dem Zähneputzen. Achten Sie darauf, das Wasser angenehm zu temperieren und das richtige Mischungsverhältnis der Lösung einzuhalten (siehe unten), sonst kann es sein, dass die Salzlösung in der Nase ein leicht brennendes Gefühl hervorruft.

Die Anwendung der Nasenspülkanne wird 1- bis 2-mal täglich empfohlen.

Durchführung

Sie füllen einen gestrichenen Messlöffel (der mit der Nasenspülkanne mitgeliefert wird) Salz (ohne Zusätze von Jod) in die leere Kanne. Anschließend geben Sie lauwarmes Wasser bis zum Markierungsstrich hinzu und verrühren das Salz.

Den Ausgießer der Nasenspülkanne stecken Sie leicht in das rechte Nasenloch, sodass die Tülle mit dem Nasenloch dicht abschließt.

Beugen Sie sich nun nach vorne über das Waschbecken und neigen Sie den Kopf schräg nach links. Jetzt die Kanne anheben, sodass die Salzlösung durch die rechte Nasenöffnung in die Nasenhöhle und dann durch die linke Nasenöffnung wieder heraus ins Waschbecken läuft. Verbrauchen Sie dabei etwa die Hälfte des Kanneninhalts und wiederholen Sie den Vorgang mit der anderen Nasenseite.

Wichtig ist, dass Sie während der Nasenspülung immer durch den offenen Mund ein- und ausatmen.

Wenn Sie den Spülvorgang beendet haben, bleiben Sie noch nach vorne gebeugt und atmen kräftig und gleichzeitig durch beide Nasenöffnungen aus und bewegen den Kopf dabei etwas nach links und rechts, bis das Wasser abgelaufen ist. Sie können auch eine Nasenöffnung zuhalten, um die Wirkung zu erhöhen.

Das Yoga-Körperübungsprogramm: Grundlagen

Asanas – dynamische Körperübungen

Als Asanas werden die Körperübungen bezeichnet. Das Wort stammt aus dem Sanskrit und bedeutet Sitz oder Körperhaltung. Weil die Natur als Vorbild diente, tragen zahlreiche Asanas zum Beispiel Tiernamen. Tiere nehmen instinktiv die Haltung ein, die ihnen am bequemsten ist.

Asanas sind ganzheitliche Übungen, die eine tief greifende Wirkung auf Körper, Seele und Geist haben.

Yoga hat eine heilende Wirkung und dient der Gesunderhaltung. Bevor sie jedoch mit den Yoga-Übungen beginnen, sollten noch einige Voraussetzungen im Hinblick auf Ihre gesundheitliche Situation geklärt werden. Sind Sie in ärztlicher Behandlung, wurden kürzlich operiert oder leiden an einer der folgenden Erkrankungen, beginnen Sie mit dem Training bitte erst nach Absprache mit Ihrem Arzt.

Leiden Sie unter

- Rücken- oder Nackenschmerzen,
- einer Entzündung,
- Bluthochdruck,
- einer Infektion,
- extremer Erschöpfung

oder befinden sich im Endstadium einer Schwangerschaft oder haben starke Menstruationsblutungen, dann sind Yoga-Übungen nur sehr reduziert möglich oder bestimmte intensive körperliche Übungen sind nicht anzuraten.

Vorbereitung und Empfehlungen zur Durchführung

Suchen Sie sich einen behaglichen Platz in Ihrer Wohnung oder auch draußen im Garten, wo Sie ungestört Ihre Übungen durchführen können.
Wichtig ist bequeme Kleidung – auch Straßenkleidung ist möglich –, mit der Sie sich frei bewegen können. Tragen Sie aber bitte keine Schuhe und auch keinen Schmuck oder einen Gürtel, der Sie stören könnte.

Sie benutzen am besten eine Decke oder Matte als Unterlage.

Ganz wichtig ist, dass Sie sich Zeit nehmen. Am besten ist es, eine feste Tageszeit zu wählen und Ihre Übungsstunde als einen wichtigen Termin einzuplanen. Wenn es nicht zu einer Stunde reicht, so können es auch 30 Minuten sein.

Um die Wirkungen von Yoga effektiv zu spüren, ist es wichtig, mindestens 1- bis 2-mal in der Woche zu üben; vielleicht kommen Sie auch schon bald ohne Ihr tägliches Yoga (auch mit wenigen ausgesuchten Übungen) nicht mehr aus.

Die Yoga-Übungen bitte nicht mit vollem Magen durchführen. Idealerweise üben Sie vor dem Essen; Ihre letzte Mahlzeit sollte jedenfalls möglichst 3–4 Stunden zurückliegen.

Stellen Sie sicher, dass Sie nicht gestört werden können.

Bevor Sie beginnen, haben Sie sich ein Übungsprogramm zurechtgelegt (siehe Atem- und Körperübungen ab S. 74 bzw. ab S. 89).

Um sich in eine entspannte Stimmung zu versetzen, können Sie Ihre Übungen gerne mit einem Ritual verbinden – ob Sie sich eine Kerze anzünden, Entspannungsmusik hören und/oder dabei mit ätherischen Ölen für einen Duft sorgen, der Ihre Sinne entspannt.
Körperliche und geistige Entspannung ist eine gute Voraussetzung, um einerseits die Muskulatur besser dehnen zu können und andererseits die Konzentrationsfähigkeit steigern zu können.

Die Körperübungen sind so aufeinander abgestimmt, dass Anspannung und Entspannung einander abwechseln.

Führen Sie Ihre Übungen langsam und ruhig aus.

Bitte versuchen Sie jede Körperübung so durchzuführen, wie sie in ihrem genauen Ablauf beschrieben wird. Dieser feste Bewegungsablauf ist für die Wirksamkeit der Übungen wichtig.
Dabei ist es trotzdem zunächst überhaupt nicht so wichtig, ob Sie vielleicht etwas unbeweglich geworden sind oder körperliche Einschränkungen haben und deshalb nicht jede Bewegung exakt ausführen kön-

nen. Sie werden mit der Zeit durch das Training schon beweglicher werden – schließlich heißt es ja auch Körperübung. Führen Sie die Bewegung in der ersten Zeit im Geiste zu Ende aus, Ihr Körper wird Ihnen dann schon bald folgen.

Auch wenn die eine oder andere Übung Ihnen anfangs nicht gleich gefällt – das kann sich ändern. Yoga wird mit einer »befohlenen« Leichtigkeit ausgeführt. Nach und nach werden Sie sich an die Übungen gewöhnen, und eine Bewegung, die Ihnen anfangs nicht behagte, gehört vielleicht schon bald zu Ihren Lieblingsübungen. Das erlebe ich in meinen Kursen immer wieder. Außerdem stellen Sie sich am besten Ihre eigenen Übungen nach meinen Empfehlungen zusammen.
Der Grundsatz gilt, dass Sie sich während der Übungen wohl fühlen sollen. Also gerade am Anfang nicht übertreiben, es ist ja auch gerade das Schöne an Yoga-Übungen, dass es keine Leistungsvorgabe gibt.

Yoga ist für Sie da – so wie es Ihnen gut tut.

Körperübungen – Ihre Yoga-Sitzung

Die hier im Folgenden dargestellten Übungen sind aus den Grundelementen des Yoga zusammengestellt. Sie wurden aufeinander abgestimmt und sollten für jeden durchführbar und leicht zugänglich sein.

Die Hauptwirkungen, die den Übungen zugeschrieben werden – und hier können wir auf Tausende Jahre Erfahrungen zurückgreifen –, sind den jeweiligen Symptomen und Krankheitsbildern zugeordnet.

Obwohl es sich hier durchweg um leichtere Übungen handelt, entwickeln Sie bitte keinen falschen Ehrgeiz. Im Gegenteil – wenn Sie eine Übung zu sehr anstrengt oder Ihnen sogar Schmerzen verursacht, ist diese sofort abzubrechen und in der nächsten Sitzung zu vermeiden.

Bei den Yoga-Übungen sollten Sie sich in entspannte Stimmung versetzen – z.B. mit Kerzen oder ätherischen Ölen.

Das ist natürlich nicht zu verwechseln mit Anfangsschwierigkeiten, die Sie vielleicht mit der einen oder anderen Übung haben und auf die ich schon eingegangen bin.
Bitte bedenken Sie dabei auch den Übungseffekt. Von Übungen, die anfangs nicht so ganz perfekt durchführbar sind, lassen Sie sich bitte nicht entmutigen, sondern sogar motivieren, es das nächste Mal ein kleines bisschen besser zu schaffen. Anfangsschwierigkeiten sind völlig normal!

Stimmen Sie sich nun auf Ihre Yoga-Sitzung ein. Geistige und körperliche Entspannung sind eine wichtige Voraussetzung für eine gelungene Durchführung.

In jeder Sitzung werden Körper- und Atemübungen mit Entspannung und Meditation kombiniert. Sie können sich die Übungen selbst zusammenstellen.

Die Reihenfolge ist:

- Entspannen
- Atemkonzentration
- Aufwärmübungen
- Körperübungen (mit spezieller Wirkung bei Asthma, Allergien, Neurodermitis)
- Entspannen
- Atemübungen
- Meditation

Mit jeder Sitzung »tanken« Sie Lebenskraft, Lebensfreude und Lebensmut.
Wie Sie sich entspannen, erfahren Sie auf S. 90f., und wie Sie sich auf Ihren Atem konzentrieren (siehe S. 74), haben Sie schon gelernt. Jetzt beginnen wir mit den Aufwärm- und Grundübungen.

Aufwärm- und Grundübungen

Schon diese Aufwärmübungen wurden als Vorbereitung für die Übungsprogramme speziell bei Asthma, Allergie und Neurodermitis zusammengestellt.

Führen Sie jede Übung bequem und mühelos durch. Wenn Sie merken, dass sich Ihr Körper in der letzten Zeit versteift hat, wird er mit der Zeit geschmeidiger und lockerer werden. Konzentrieren Sie sich auf Ihre Atmung und darauf, den Bewegungsablauf genau einzuhalten.

Jede Bewegung führen Sie etwa 8- bis 10-mal aus – immer dann, wenn es heißt: »Wiederholen Sie diese Übung« oder »Wiederholungen«. Weicht eine Übung von dieser Empfehlung ab, wird darauf hingewiesen oder es erfolgt eine Zeitempfehlung.

Sitzhaltungen

Bei den Aufwärm- und Grundübungen können wir bestimmte Sitzhaltungen einnehmen. Ich möchte Sie hier vorstellen, bevor wir mit den Übungen beginnen.

Bequemer Sitz

Nicht gleich am Anfang wird es für jeden möglich sein, den Halblotos oder sogar den Lotossitz einzunehmen und so für längere Zeit zu sitzen. Es ist aber kein Problem, sich so bequem wie möglich zu setzen. Sie können sich dabei auch auf ein Kissen setzen, wenn es Ihnen leichter fällt. Sitzen Sie mit gebeugten Beinen, der rechte Fuß liegt unter dem linken Oberschenkel und der linke Fuß liegt unter oder vor dem rechten Unterschenkel. Je nach bisheriger Sitzgewohnheit kann man die Beine auch umgekehrt kreuzen. Der Rücken ist gerade.

Halblotos; Lotossitz

Bei dem Halblotossitz beginnt die Ausführung wie beim bequemen Sitz, nur liegt hier ein Fuß mit dem Fußrücken auf einem Oberschenkel auf. Beim Lotossitz werden beide Beine stark gebeugt und es liegen sogar beide Füße auf den Oberschenkeln auf. Das ist allerdings für Anfänger sehr schwierig und sei deshalb hier auch nur der Vollständigkeit halber erwähnt. Uns reicht der bequeme Sitz völlig aus.
Diese Sitzhaltungen werden auch als Meditationssitz bezeichnet. In dieser Haltung lassen sich Atmung, Organismus und Gedanken beruhigen.

Langsitz

Eine weitere Sitzhaltung ist der Langsitz. Die Beine sind gerade und geschlossen und Sie sitzen dabei aufrecht in gerader Rückenhaltung. Die Hände liegen auf dem Boden auf. Diese Art zu sitzen ist anfangs gar nicht so einfach, weil wir es meist gewöhnt sind uns anzulehnen. Die strapazierte Schulter-, Nacken- und Beckenmuskulatur entspannt sich dabei.

Wir werden noch eine weitere Sitzhaltung bei den Grund- und Aufwärmübungen kennen lernen, den Fersensitz (S. 98).

Bevor Sie jetzt tatsächlich mit den Aufwärmübungen beginnen, nehmen Sie die Entspannungshaltung ein und konzentrieren Sie sich auf Ihre Atmung. Diese Entspannungshaltung kann darin bestehen, dass Sie sich in die Rückenlage begeben oder eine der Sitzhaltungen für Meditation einnehmen. Wir empfehlen die Rückenlage.

Entspannung

Legen Sie sich auf den Rücken. Die Beine sind ausgestreckt und die Arme liegen locker neben Ihrem Körper. 2- bis 3-mal tief ein- und ausatmen. Sie entspannen sich und schließen dazu 1–2 Minuten die Augen. Hierbei ist es wichtig, sich auf Ihren Atem zu konzentrieren. Achten Sie bei der Entspannung darauf, dass Sie voll, entspannt und rhythmisch atmen.

Wirkung: Stoffwechsel, Nervensystem und Körperfunktionen reduzieren sich auf die Grundaktivitäten des Organismus. Jetzt gilt es auch die Gedanken zur Ruhe kommen zu lassen. Das ist anfangs nicht einfach, aber auch hier macht sich mit der Zeit ein Trainingseffekt bemerkbar und vergrößert den bewussten Einfluss auf unsere Gedankenwelt.

Jetzt beginnen wir mit der ersten Aufwärm- und Grundübung.

Körperstreckung

Sie beginnen den rechten Arm ausgestreckt nach hinten über den Kopf zu legen und dabei einzuatmen. Mit der Ausatmung den Arm wieder zurückführen und die Bewegung mit dem linken Arm wechseln und wiederholen.

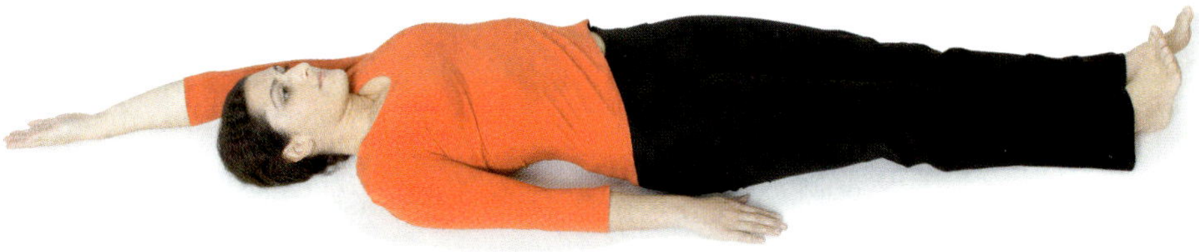

Jetzt, während der rechte Arm nach hinten über den Kopf gestreckt wird, gleichzeitig das rechte Bein durchstrecken und dabei die Zehen zum Knie richten, sodass die Ferse durchgedrückt wird.
Nach 5 Wiederholungen nun diagonal wechseln, also während die Armbewegung auf der rechten Seite erfolgt, das linke Bein durchstrecken, die jeweilige Seite wechseln und ebenfalls 5-mal wiederholen.

Körper rollen

Sie bleiben weiterhin in der Rückenlage. Sie strecken beide Arme über den Kopf aus. Auch die Beine sind gestreckt. Jetzt in dieser Lage einige Male nach links und nach rechts auf die Seiten rollen.

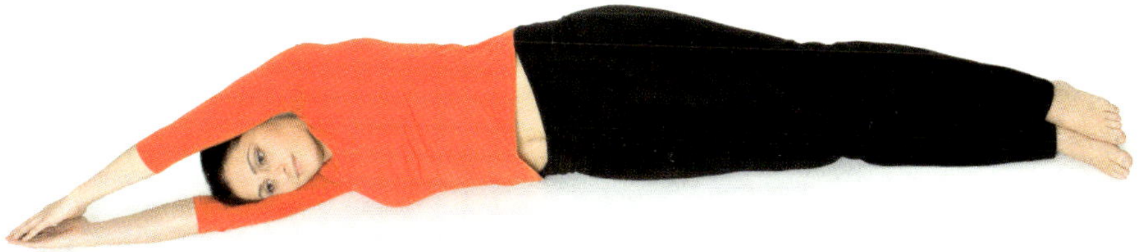

Wirkung: Diese beiden Streckübungen regen den Kreislauf an und dehnen und entspannen den ganzen Körper.

Rad fahren

Sie bleiben in der Rückenlage, stellen beide Beine auf, die Fußsohlen berühren mit der ganzen Fläche den Boden. Sie beginnen mit dem rechten Bein und führen mit dem rechten Fuß Kreisbewegungen aus, so als würden Sie Rad fahren. Das Bein anheben und nach vorne ausstrecken; dann wieder anwinkeln, ohne den Boden zu berühren. Nach den Wiederholungen jetzt das Bein ablegen und die Bewegung mit dem anderen Bein ausführen.

Wirkung: Das Kreislaufsystem wird erneut angeregt, die Bein- und Bauchmuskulatur wird gestärkt.

Anschließend in der Rückenlage etwas entspannen. Spüren Sie der Wirkung der Übungen nach.

Nackenentspannung

Sie haben den Langsitz eingenommen, die Hände liegen zunächst auf den Oberschenkeln. Jetzt die Hände so hinter dem Körper abstützen, dass die Fingerspitzen nach hinten zeigen. Die Arme durchstrecken.

Den Kopf zur linken Schulter neigen, dabei ausatmen. Einatmen und den Kopf zur Mitte heben. Ausatmen und den Kopf zur rechten Seite neigen, einatmen und den Kopf heben; etwa 5-mal wiederholen.
Jetzt den Kopf nach vorne absenken und dabei ausatmen. Das Kinn berührt, wenn möglich, das Brustbein. Dann den Kopf nach hinten bewegen und einatmen und 5-mal wiederholen.

Anschließend den Kopf kreisen; während Sie ihn nach vorne bewegen, ausatmen, und während Sie ihn nach hinten bewegen, einatmen.

Wirkung: Diese Übung löst Verspannungen und entspannt aktiv den oft strapazierten Nacken-, Hals- und Schulterbereich.

Armbewegung

Sie strecken die Arme seitlich in Schulterhöhe aus, atmen ein und kreuzen die Arme über dem Kopf. Mit der Ausatmung die Arme wieder in die seitliche Position bewegen und wiederholen.

Wirkung: Die Brustkorbatmung wird gefördert, die Rücken- und Armmuskulatur gestärkt.

Knie zum Kopf ziehen

Sie bleiben im Langsitz, heben das rechte Bein etwas und verschränken die Hände unter dem Kniegelenk. Sie atmen tief ein. Mit der Ausatmung beugen Sie das rechte Bein und ziehen den Oberschenkel zum Oberkörper. Dabei versuchen Sie mit der Nase und der Stirn das Knie zu berühren. Mit der Einatmung heben Sie den Kopf wieder und strecken das Bein aus.
Anschließend die Bewegung mit dem linken Bein ausführen und jeweils im Wechsel 5-mal wiederholen.

Wirkung: Neben der Nacken- und Rückendehnung wird die Beweglichkeit der Wirbelsäule und die Durchblutung gefördert. Diese Übung ist auch anregend für die Verdauung.

Fersensitz

Sie nehmen dazu zunächst kurz den Kniestand ein. Die Beine halten Sie geschlossen, sodass sich die großen Zehen berühren. Stellen Sie die Fersen etwas auseinander, bewegen Sie den Oberkörper etwas nach vorne und setzen Sie sich zwischen die Fersen. Ihre Hände legen Sie auf die Oberschenkel, der Oberkörper ist gerade. Ruhig und normal weiteratmen.

Wirkung: Wenn Sie in dieser Sitzhaltung einige Minuten verharren, wirkt das allein schon beruhigend, anregend auf die Verdauung und den Stoffwechsel.

Katze

Diese Übung ist dem Katzenbuckel nachempfunden. Sie nehmen zunächst den Fersensitz ein und strecken dann die Arme in Schulterhöhe nach vorne, atmen dabei ein und gehen mit geradem Rücken in den Kniestand über. Sie atmen aus und beugen sich nach vorne. Die Handflächen sind nach unten gerichtet und Sie stützen Ihre Hände auf den Boden. Arme und Beine befinden sich nun im rechten Winkel zum Boden.

Jetzt den Rücken nach oben wölben, sodass ein Katzenbuckel entsteht. Dabei den Kopf so nach unten neigen, dass der Blick zum Nabel gerichtet ist.

Anschließend einatmen, den Kopf wieder heben und den Rücken in die Gegenbewegung durchstrecken. Dabei den Blick so weit es geht nach oben richten.

Wirkung: Die Wirbelsäule wird durch diesen Bewegungsablauf bewegbar, der Brustkorb gedehnt und die Bauchmuskulatur entspannt.

Das Yoga-Körperübungsprogramm bei Asthma

Die hier aufgeführten Übungen stärken direkt oder indirekt alle das Atemsystem. Die an der Atmung beteiligten Muskelgruppen werden nicht nur kräftiger, sondern die Kapazität der Lunge selbst wird verbessert. Durch die Atemtechniken lernen Sie kontrollierter zu atmen. Das kann bei Atemnot den Stress herabsetzen und helfen, die Situation besser zu bewältigen. Die Lungenfunktion wird gesteigert und damit insgesamt die Leistungsfähigkeit und Lebensqualität.
Da alle hier aufgeführten Übungen die Atmung vertiefen, wird dies deshalb nicht bei jeder Übung neu erwähnt. Zusätzliche Wirkungen der Körperübungen werden selbstverständlich erwähnt.

Aufrechter Stand

Das ist eine Grundhaltung, in der Sie aufrecht und fest stehen und aus der sich alle Asanas aus dem Stand entwickeln.

Wirkung: Es sieht zunächst banal aus, aber machen Sie sich bewusst, dass Sie ganz fest mit beiden Fußflächen auf dem Boden stehen. Das kräftigt auch das mentale Bewusstsein für einen – Ihren – Standpunkt.

Halbmond seitwärts

Bitte beachten Sie: Wenn Sie an Wirbelsäulenproblemen leiden, ist diese Übung, wenn überhaupt, sehr vorsichtig auszuführen, wenn Sie eine Darmentzündung oder frische Operationsnarben haben, bitte überhaupt nicht ausführen.

Sie haben den aufrechten Stand eingenommen. Jetzt atmen Sie ein und strecken die Arme nach oben. Sie legen die Handflächen, die nach vorne zeigen, aneinander und haken die Daumen ineinander.
Sie dehnen den ganzen Körper, wenn Sie nun mit den Fingerkuppen nach oben tasten.

Während Sie ausatmen, bewegen Sie das Becken leicht nach links und neigen den Oberkörper nach rechts. In dieser Haltung 3- bis 4-mal ein- und ausatmen. Während Sie einatmen, richten Sie sich wieder auf und bewegen nun das Becken zur anderen Seite nach rechts und neigen den Oberkörper mit den gestreckten Armen nach links. Diesen gesamten Übungsablauf etwa 3- bis 4-mal wiederholen, achten Sie dabei auf Ihre Atmung.

Wirkung: Diese Übung steigert die Beweglichkeit, regt die Verdauung an, dehnt die beteiligten Muskelgruppen am Hals- und Schulterbereich, an den Armen und Beinen sowie die Rumpf- und Beckenmuskulatur. Sie stärkt die an der Atmung beteiligte Flankenmuskulatur und schafft Ausgleich zwischen den Körperhälften.

Bogen spannen

Sie stehen mit leicht gegrätschten Beinen, die Füße sind etwa schulterbreit auseinander. Jetzt den linken Fuß seitlich nach außen richten und den Kopf nach links drehen. Den linken Arm strecken Sie seitlich in Schulterhöhe aus und ballen die Hand zur Faust, wobei der Daumen nach oben gestreckt ist. Der Blick bleibt auf der Daumenspitze.

Nun bilden Sie auch mit der rechten Hand eine Faust mit nach oben gestrecktem Daumen und führen sie so zur linken Hand, dass der rechte Daumen in Blickrichtung den linken Daumen verdeckt.

Während Sie einatmen, führen Sie die rechte Hand zurück bis ans Ohr, so als würden Sie mit dieser Bewegung einen Bogen spannen. Der Ellenbogen bleibt dabei in Schulterhöhe. Jetzt halten Sie kurz den Atem an und halten diese Position, um dann ausatmend die rechte Hand wieder so zur linken Hand zu führen, dass der rechte Daumen den linken verdeckt. Der Blick und Ihre Konzentration verbleiben auf dem linken Daumen.
Führen Sie diese Bewegung 3-mal aus und wechseln Sie anschließend die Seite.

Wirkung: Diese Bewegung dehnt und kräftigt die Arm-, Schulter- und Rückenmuskulatur und fördert die Konzentrationsfähigkeit. Diese Asana unterstützt die Tiefenatmung und kräftigt die Brustmuskulatur.

Heldenpose

Bitte beachten Sie: Diese Übung bitte nicht durchführen, wenn Sie kürzlich erst eine Fußverletzung hatten.
Sie nehmen den Fersensitz ein. Nun stellen Sie Ihren linken Fuß nach vorne neben das rechte Knie. Dann stützen Sie den linken Ellenbogen auf das linke Knie und legen Ihr Kinn in die Hand. Die rechte Hand bleibt auf dem rechten Oberschenkel. Sie konzentrieren sich auf Ihren ganzen Körper. Sie stellen den rechten Fuß, wenn

möglich, auf den Zehenballen und nun ruht auf der rechten Ferse das Gewicht des Körpers. Sie atmen normal ein und aus und fixieren einen Punkt vor Ihnen, auf den Sie sich konzentrieren. Sie verbleiben so lange in der Position, wie es Ihnen angenehm ist, und wechseln anschließend die Seite.

Wirkung: Mit dieser Übung stärken Sie Ihre Konzentrationsfähigkeit. Diese Übung hat eine stark beruhigende Wirkung und befreit von Ängsten.

Klinge

Sie nehmen den Fersensitz ein und heben die Arme seitlich in Schulterhöhe waagerecht zum Boden. Jetzt die Unterarme anwinkeln. Die Hände befinden sich vor dem Brustkorb, die Fingerspitzen berühren sich und die Handflächen zeigen nach unten.

Sie atmen ein und schieben die Schulterblätter zusammen. Dabei bewegen sich die Arme mit, Sie verbleiben einige Sekunden in dieser Haltung und lösen dann mit dem Ausatmen wieder die Anspannung im Rücken und in der Schulter. Diese Übung wiederholen Sie 4- bis 5-mal.

Anschließend die Variation: Sie führen die Ellenbogen hinter den Oberkörper, behalten die waagerechte Position der Arme bei und bewegen aus dieser Haltung die Arme 4- bis 5-mal vor und zurück.

Die komplette Übung führen Sie anfangs 2-mal, später 3-mal aus.

Wirkung: Diese Übung löst Verspannungen im Schulterbereich. Die Brustmuskulatur wird gefestigt und die Atmung wird gleichmäßiger in ihrem Rhythmus.

Kobra

Bitte beachten Sie: Bei Rückenverletzungen und Schmerzen im Lendenwirbelbereich ist diese Übung bitte nicht durchzuführen.

Sie legen sich auf den Bauch. Das Kinn liegt ebenfalls auf dem Boden auf. Nun legen Sie die Hände neben die Brust in Achselhöhe neben den Körper. Während Sie einatmen, richten Sie Ihren Kopf und Oberkörper auf. Die Arme benutzen Sie dabei so wenig wie möglich, sodass die Bewegung mehr durch das Becken und den Rücken erfolgt. Die Beine und das Gesäß bleiben entspannt. Es kann während der Übung normal weitergeatmet werden. Mit der Ausatmung kehren Sie wieder in die Ausgangsposition zurück.

Wirkung: Diese Übung ist nicht nur gut geeignet, um die Rückenmuskulatur zu stärken und die Wirbelsäule geschmeidiger zu machen, sondern auch, um etwas gegen die Müdigkeit zu tun. Sie wirkt auch besänftigend bei Ärger. Die Brustmuskulatur wird gedehnt und anschließend entspannt. Der Atemrhythmus wird dynamisiert.

In jeweils einer Übungsstunde ist entweder die Kobra oder die nächste Übung zu empfehlen. Sie können sich entscheiden, welche Ihnen besser gefällt.

Fisch

Bitte beachten Sie: Bei Schädigungen der Halswirbelsäule ist diese Übung nicht auszuführen.

Sie liegen auf dem Rücken. Nun legen Sie die Hände unter das Gesäß, die Handflächen zu Boden gerichtet. Die Beine sind geschlossen. Sie atmen ein und heben den Brustkorb, indem Sie die Ellenbogen kräftig auf den Boden stützen. Die Schulterblätter werden zusammengezogen und der Kopf nach hinten abgesenkt, bis Sie mit dem Scheitel den Boden berühren. Nun 3- bis 5-mal tief ein- und ausatmen.
Sie können die Übung leicht variieren, indem Sie den Kopf etwas anheben und wieder absenken.

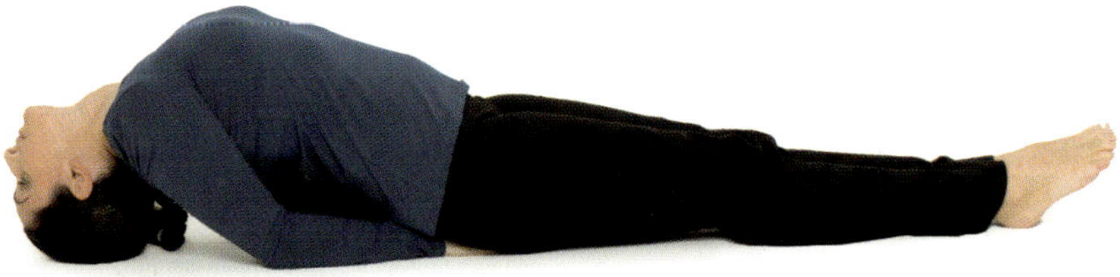

Wirkung: Diese Übung dehnt die Bauchmuskulatur, kräftigt Hals-, Schulter- und Rückenmuskulatur, löst Verspannungen, fördert die Durchblutung vor allem des Gehirns und regt die Nierenfunktion an. Becken- und Bauchmuskulatur werden gefestigt und die Bauchorgane belebt. Diese Übung dehnt den Brustkorb und kräftigt das Atemsystem.

Das Yoga-Körperübungsprogramm bei Neurodermitis

Hier sind Übungen zusammengestellt, deren Wirkungen vor allem das Nervensystem, aber auch die Haut betreffen. Die Übungen wirken sich regulierend auf die gesamte Stoffwechsellage aus. Allen Übungen ist in ihrer Wirkung gemeinsam, dass sie beruhigend und ausgleichend auf den Organismus Einfluss nehmen und ihn insgesamt stärken.
Sicherlich kommen bei der Entstehung von Neurodermitis vielfältige Gründe zusammen und es gibt nicht nur eine Ursache für die Symptome. Diese Übungen können aber durch ihren harmonisierenden Effekt in das Krankheitsgeschehen eingreifen und zur Linderung beitragen.
Die zusätzlichen Wirkungen sind bei den einzelnen Übungen ergänzend hinzugefügt worden.

Eingerolltes Blatt – Kindeshaltung

Bitte beachten Sie: Bei Schmerzen in den Hüft-, Knie- und Fußgelenken, bei Wirbelsäulenverletzungen und bei Venenleiden bitte diese Übung nicht ausführen.

Sie nehmen den Fersensitz ein. Dann beugen Sie Ihren Oberkörper und neigen den Kopf nach vorne, bis die Stirn den Boden berührt. Gleichzeitig führen Sie die Arme seitlich nach hinten. Die Handrücken liegen neben den Unterschenkeln auf dem Boden. Ihre Atmung ist ruhig und gleichmäßig. In dieser Haltung können Sie einige Zeit verweilen, solange es Ihnen angenehm ist.

Anschließend gehen Sie zurück in den Fersensitz. Dabei richten Sie zunächst Ihren Oberkörper auf, lassen den Kopf locker hängen und richten ihn erst auf, nachdem Ihr Oberkörper wieder aufrecht ist.

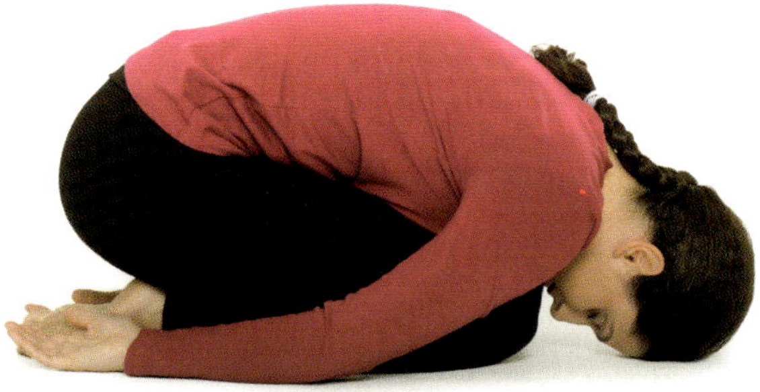

Wirkung: Diese Übung dehnt und entspannt die Rückenmuskulatur und verbessert die Durchblutung des Kopfes. Der Verdauungstrakt wird massiert. Diese Übung wirkt stark beruhigend auf das Nervensystem. Stress und emotionale Erregung werden abgebaut und die Ausgeglichenheit gefördert.

Halber Drehsitz

Bitte beachten Sie: Bei Rückenleiden oder Schmerzen im Hüftgelenksbereich diese Übung nicht durchführen.

Sie nehmen den Langsitz ein. Jetzt winkeln Sie das rechte Bein an und stellen den Fuß außen neben das linke Kniegelenk. Sie drehen Ihren Oberkörper, Kopf und Arme nach rechts und stützen sich mit der rechten Hand hinter dem Gesäß auf dem Boden ab. Sie atmen ruhig und gleichmäßig. Die linke Hand umfasst das rechte Fußgelenk an der Außenseite, der linke Oberarm drückt das rechte Knie etwas nach außen.
Sie bleiben eine Weile in dieser Position und kommen dann wieder zurück in die Ausgangshaltung, um die Übung zur anderen Seite hin fortzusetzen. Sie wiederholen die Übung nach jeder Seite noch 2-mal.

Wirkung: Durch die Rückendehnung werden Verspannungen im Nacken- und Schulterbereich gelöst. Neben der Anregung der Drüsentätigkeit werden die Stoffwechselfunktionen der Leber und der Nieren belebt und die Hormon- und Stoffwechsellage wird insgesamt harmonisiert. Die Haut wird geschmeidiger. Diese Übung wirkt zentral auf die Wirbelsäule und die Nervenbahnen. Das Nervensystem wird gestärkt.

Ausgleichsübung

Nach dieser Übung ist eine Ausgleichsübung angebracht. Sie legen sich 30–60 Sekunden auf den Rücken, strecken die Arme nach hinten über den Kopf aus, atmen dabei ein und lassen den Atem dann frei ein- und ausströmen.

Adler

Bitte beachten Sie: Diese Übung bei Gleichgewichtsstörungen oder Schwindel bitte nicht ausführen.

Sie stehen mit geschlossenen Beinen. Am besten ist es, den Blick auf einen Punkt vor Ihnen zu fixieren, es ist dann leichter, die Balance zu halten. Die Arme heben, die Ellenbogen beugen und jetzt die Arme so umeinander schlingen, dass der linke Arm von unten her um den rechten Arm herumgeführt wird. Die Handflächen aneinander legen.

Jetzt verlagern Sie das Gewicht auf das linke Bein, beugen es leicht und schlingen das rechte Bein von vorn um das linke. Dann beugen Sie den Oberkörper nach vorne, bis der Ellenbogen das Knie berührt. Der Rücken sollte dabei gerade bleiben. In dieser Position normal weiteratmen. Anschließend in die Ausgangsstellung, den Stand, zurückkehren und die Übung zur anderen Seite 1-mal wiederholen.

Nach einiger Zeit können Sie diese Übung mit geschlossenen Augen durchführen, das verstärkt den Gleichgewichtssinn, ist in der Regel aber auch erst nach einigem Training durchführbar.

Wirkung: Diese Übung fördert das mentale und körperliche Gleichgewicht sowie die Konzentrationsfähigkeit. Die mentale Stabilität wird gesteigert und Körper und Geist harmonisiert.

Bogen

Bitte beachten Sie: Bei einer Rückenverletzung oder einem Rückenleiden, einer frischen Bauchoperation oder einem Leistenbruch ist diese Übung nicht durchzuführen.

Bei dieser Übung wird der Körper wie ein Bogen gespannt. Sie legen sich auf den Bauch und das Kinn auf den Boden. Dann beugen Sie die Knie, greifen mit beiden Händen Ihre Knöchel, und wenn Sie sie nicht erreichen, Ihre

Strümpfe. Die Beine bleiben möglichst zusammen. Jetzt die Füße anheben, die Oberschenkel folgen der Bewegung, und gleichzeitig den Kopf und den Oberkörper anheben. Das Körpergewicht ruht auf der Nabelgegend.

Sie wiederholen die Übung 3-mal, wobei sie versuchen können, bei den ersten zwei Wiederholungen während der Anspannung den Atem anzuhalten und bei der dritten Wiederholung normal weiterzuatmen.

Wirkung: Diese Übung löst besonders nervöse Anspannungen und regt das Herz-Kreislauf-System an. Es fördert die Beweglichkeit der Wirbelsäule und der Hüft- und Schultergelenke und die Bauchorgane werden massiert. Die Haut wird beruhigt und entspannt. Lebensenergie wird aktiviert, nervöse Spannungen werden aus dem Solarplexus herausgelöst.

Entspannung in der Tigerpose

In der Bauchlage drehen Sie Ihren Körper etwas auf die linke Seite. Den linken Arm beugen und die linke Wange auf den linken Unterarm legen. Der Ellenbogen liegt nach oben gerichtet hinter dem Kopf auf dem Boden. Nun den rechten Arm beugen und die Hand auf den linken Handrücken legen. Der rechte Ellenbogen weist nach unten und bildet mit dem linken eine Linie. Das linke Bein bleibt gestreckt, das rechte wird jetzt angewinkelt, bis das Knie den Ellenbogen berührt. Der linke Arm kann dabei auch hinter dem Körper auf den Boden gelegt werden, wenn die Spannung in der Schulter zu groß wird. Sie verbleiben so lange in dieser Haltung, wie es Ihnen angenehm ist. Die Atmung ist während der Übung ruhig und gleichmäßig. Anschließend wiederholen Sie die Bewegung zur anderen Seite.

Wirkung: Diese Übung entspannt Körper und Geist gleichermaßen.

Mein Tipp:
Dehnen Sie bei der Neurodermitis insbesondere die Entspannungsübungen zeitlich aus. Sinnvoll ist auch die Wechselatmung (siehe S. 78), die am Ende der Entspannungsübungen durchgeführt wird. Mit dieser Übung erfolgt eine Blut- und Nervenreinigung. Das Blut wird konzentriert mit Sauerstoff angereichert, entschlackt und gereinigt. Das hilft der Haut und den Nerven.

Das Yoga-Übungsprogramm bei Allergien

Während bei Asthma mit den Übungen direkt Einfluss genommen werden kann auf das betroffene Organ und mittelbar bei der Neurodermitis, kann man bei Allergien mit Yoga auf das Immunsystem einwirken und den Stoffwechsel regulieren.
Die Ursachen für eine allergische Reaktion sind uns bis heute unbekannt. Oft ist es so, dass genetische Bedingungen eine Rolle spielen, aber man weiß nicht, was eine Allergie zum Ausbruch kommen lässt.
Daher wissen wir auch nicht, wie stark unbewusste Vorgänge diese Körperreaktionen hervorrufen.
Wir haben bei einer Mitgliederbefragung des DAAB den Zusammenhang zwischen regelmäßigen Yoga-Übungen und den Allergiesymptomen abgefragt und es hat sich gezeigt, dass Yoga gerade auch bei Allergien den Krankheitsverlauf entscheidend verbessern kann. Es ist sicherlich stark abhängig vom Einzelfall, aber einige führen ihre Beschwerdefreiheit auf regelmäßiges Yoga zurück.
Hier sind deshalb Übungen zusammengestellt, die einen Einfluss speziell auf das Immunsystem und die Stoffwechsellage haben und die gleichzeitig entsprechend harmonisierend auf den Organismus wirken.

Rückenstreckung

Bitte beachten Sie: Bei Rückenleiden ist diese Übung nicht auszuführen.

Sie sitzen im Langsitz, atmen ein und strecken nun die Arme nach oben über den Kopf aus. Jetzt ausatmen und mit geradem Rücken nach vorne beugen und versuchen, die Fersen zu umfassen. Wenn dies nicht gelingt, können Sie auch zunächst die Fußgelenke umfassen, denn die Knie bleiben durchgestreckt. Sie versuchen dann mit dem Kopf die Knie zu berühren. In dieser Haltung nicht länger verweilen und die Übung 3-mal wiederholen. Wenn Sie Ihre Füße nicht mit den Händen berühren können, reicht die Armbewegung in Richtung der Füße zunächst aus.

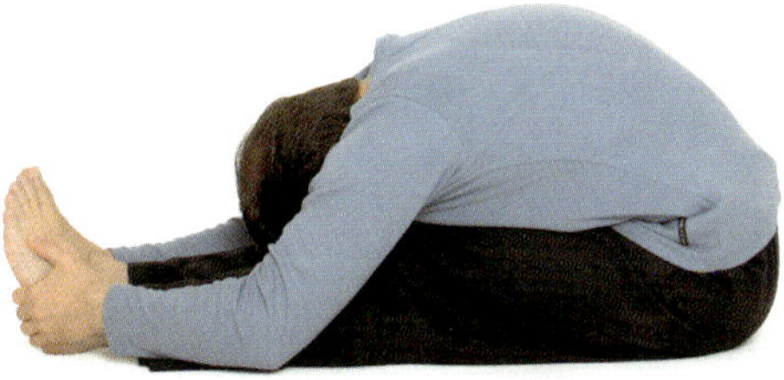

Wirkung: Diese Übung steigert die gesamte Lebensenergie. Die gesamte Rücken- und hintere Beinmuskulatur wird gedehnt und die Blutzirkulation gefördert. Die Nieren und die Bauchspeicheldrüse werden aktiviert. Die Wirkung der Hormone reguliert sich, nervöse Störungen werden ausgeglichen, geistiger Stress gemildert.

Brücke

Bitte beachten Sie: Wenn Sie Schmerzen in den Armen oder den Handgelenken oder Beschwerden im Bereich der Halswirbelsäule haben, diese Übung nicht ausführen. Wenn Sie Schwindelgefühle oder eine Schilddrüsenüberfunktion haben, dann den Kopf während der Übung nicht nach hinten neigen.

Sie nehmen den Langsitz ein. Jetzt stützen Sie sich mit den Händen hinter Ihrem Rücken ab, die Finger weisen dabei nach hinten.

Nun einatmen, den Oberkörper und das Becken anheben, die Füße liegen mit den Sohlen auf dem Boden auf. Oberkörper und Beine werden durchgestreckt und sind gerade, sodass der Körper eine Brücke bildet. Sie atmen normal weiter und verbleiben so lange in der Haltung, wie es Ihnen angenehm ist. Das wird anfangs nicht sehr lange sein, aber das muss es auch nicht. Wenn Sie ausatmen, kehren Sie in die Ausgangslage zurück.

Wirkung: Diese Übung lindert auch Menstruationsbeschwerden. Bein-, Hüft- und Beckenmuskulatur werden gestärkt. Diese Übung löst Verspannungen der Atemmuskulatur und verbessert die Atmung und somit das Sauerstoffangebot. Außerdem wirkt die Übung anregend auf die Schilddrüsen- und Nierentätigkeit. Dies wirkt sich positiv auf die Stoffwechselvorgänge aus.

Halbe Kerze

Bitte beachten Sie: Bitte nicht üben bei Asthma, Wirbelsäulenschäden, hohem Augeninnendruck, Netzhautablösungen, zu hohem Blutdruck, starkem Übergewicht, bei Venenentzündungen, während der Menstruation und im fortgeschrittenen Stadium der Schwangerschaft.

Sie legen sich auf den Rücken, die Arme liegen locker neben dem Körper. Nun winkeln Sie die Beine unter Anspannung der Bauch- und Beinmuskulatur an und führen die Beine über den Oberkörper nach oben. Stützen

Sie den Körper mit den Händen in der Taille ab. Sie können die Beinstellung nun variieren, indem Sie die Beine ganz nach oben strecken und Ihr Kinn das Brustbein berührt oder indem Sie sie leicht nach hinten absenken, dass sie zum Boden etwa einen Winkel von 45 Grad einnehmen. Sind die Beine senkrecht nach oben gerichtet, ist die Haltung der Kerze erreicht. Diese Übung strengt zu Beginn an und die Verweildauer ist daher langsam zu steigern.

Wirkung: Dieser Übung wird zugeschrieben, die Mutter aller Asanas zu sein, auch weil ihre Heilwirkung so universell ist und den gesamten Organismus betrifft.

Hierzu bietet sich eine schöne Ausgleichsübung an, das Rückenrollen.

Rückenrollen

Gleich im Anschluss an die Kerze machen Sie diese Übung. Sie liegen mit angewinkelten, geschlossenen Beinen und legen die Unterarme in die Kniebeugen. Den Kopf so weit es geht in Richtung Knie bewegen. Nun rollen Sie einige Male auf dem Rücken ab, nach jeder Seite.
Sie können anschließend auch nach vorne und zurück abrollen.

Wirkung: Diese Übungssequenz wirkt sehr entspannend und massiert die Nieren und die Rückenmuskulatur. Die Übung bekämpft die Müdigkeit, ist dabei sehr vitalisierend.

Mount-Everest-Stellung

Diese Übung habe ich nicht nur ihrer normalen Wirkung wegen ins Übungsprogramm bei Allergien genommen, denn viele machen die Erfahrung, bei Schleimhautschwellung in der Nase kurz danach wieder gut durchatmen zu können.

Bitte beachten Sie: Bei hohem Blutdruck, Schwindelgefühlen oder Beschwerden in den Handgelenken bitte diese Übung nicht ausführen.

Sie nehmen zunächst den Fersensitz ein und gehen dann, während Sie einatmen, in den Kniestand über. Nun die Arme gerade nach vorne ausstrecken und, während Sie ausatmen, den Oberkörper beugen und den Körper mit den Händen auf dem Boden abstützen. Jetzt die Zehen aufstellen, das Becken heben und die Knie durchstrecken. Das Gewicht des Körpers wird nun von den Zehen und den Händen getragen. Den Blick auf den Bauchnabel richten und normal weiteratmen. Sie können in dieser Haltung verbleiben, solange es angenehm für Sie ist.

Wirkung: Erfrischt und vitalisiert den ganzen Körper. Der Kopf wird gut durchblutet und der Blutkreislauf wohltuend reguliert. Die gesamte Körperenergie wird gesteigert.

Gruß auf einem Bein

Sie stehen fest auf beiden Beinen, die geschlossen sind und gleichmäßig verteilt das Körpergewicht tragen. Sie atmen normal und konzentrieren sich auf Ihren ganzen Körper. Nun das Gewicht langsam auf das linke Bein verlagern. Jetzt das rechte Bein so nach innen anwinkeln, dass die Fußsohle auf der Innenseite des linken Oberschenkels liegt. Anschließend falten Sie die Hände vor der Brust und konzentrieren sich auf einen Fixpunkt vor Ihnen.

Zu Anfang wird es Ihnen vielleicht schwer fallen, das Gleichgewicht zu halten, aber das wird durch diese Übung trainiert und nach und nach wird es Ihnen leichter fallen, sodass Sie nach einigen Wochen dabei die Augen schließen können. Die Übung wird dadurch intensiviert.

Wirkung: Die Übung ist nicht nur gut für den Gleichgewichtssinn, sondern wirkt auf den Körper insgesamt ausgleichend und beruhigend.

Abschlusskörperübung für alle

Hier nun die Abschlussübung, die für Betroffene von Allergien, Asthma oder Neurodermitis gleichermaßen geeignet ist:

Gruß an die Sonne – Sonnengebet

Diese Übung ist eine Abfolge verschiedener Haltungen, die dynamisch nacheinander ausgeführt werden. Es mag manche geben, die diesen Übungsablauf für Anfänger noch zu schwer finden. Sicherlich werden diese Übungen in ihrem Ablauf auch nicht gleich von jedem perfekt ausgeführt werden können, aber auch hier gilt: Nur mit der Übung wird man besser.

Der Gruß an die Sonne bildet einen schönen Abschluss der Körperübungen eines jeden speziellen Übungsprogramms.

Sie stehen mit geschlossenen Beinen und falten die Hände vor der Brust oder führen die Handflächen zusammen.

Sie atmen ein und heben beide Arme über den Kopf. Der Blick wird nach oben gerichtet und die Handflächen zeigen nach vorn.
Mit der Ausatmung nach vorne beugen so weit es geht und, wenn möglich, bis die Handflächen oder die Finger neben den Füßen den Boden berühren.

Nun einatmen und das linke Bein mit einem großen Schritt zurück nach hinten führen und das Knie auf den Boden stützen. Der rechte Fuß bleibt zwischen den Händen, die ganze Fußsohle berührt den Boden und der Blick wird nach oben gerichtet.

Mit der Ausatmung wird jetzt der rechte Fuß nach hinten neben den linken gestellt und die Beine werden durchgestreckt. Der Blick ist auf den Nabel gerichtet. Versuchen Sie beide Fußsohlen flach auf dem Boden zu lassen.

Nun bewegen Sie das Kinn, die Knie und die Brust zum Boden hin. Die Zehenspitzen sind aufgestellt. Das Kinn liegt kurz auf dem Boden auf, die Brust zwischen den Händen. Nun das Becken vom Boden anheben.

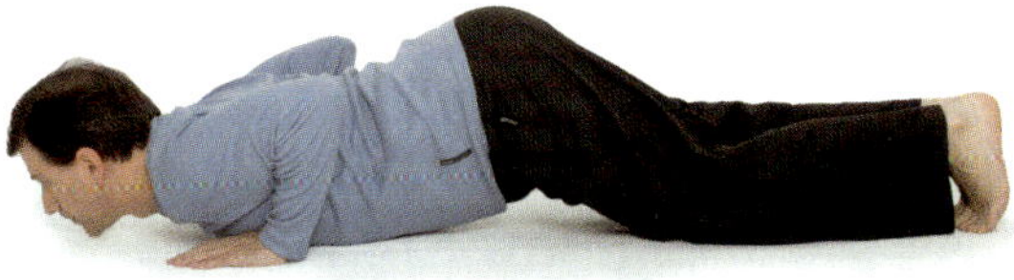

Anschließend das Becken wieder zum Boden drücken und den Oberkörper aufrichten. Die Füße flach auf den Boden legen.

Nun wird die Übung gewissermaßen genauso zurück durchgeführt. Ausatmen und das Becken so anheben, dass die Beine durchgestreckt werden können. Beide Fußsohlen stehen mit ganzer Fläche auf dem Boden.

Nun das linke Bein zuerst mit einem großen Schritt nach vorne führen. Das rechte Knie wird zum Boden abgesenkt, die Zehen aufgestellt. Jetzt steht der linke Fuß zwischen den Händen, die Fußsohle liegt ganz flach auf dem Boden auf. Der Blick wird wieder nach oben gerichtet.

Mit der Ausatmung wird der rechte Fuß neben den linken gestellt und die Knie werden durchgestreckt. Der Oberkörper wird gebeugt und die Handflächen oder Finger berühren neben den Füßen den Boden.

Nun mit der Einatmung die Arme gleichzeitig über den Kopf heben und den Blick nach oben richten.

Sie atmen aus und senken die Hände in Brusthöhe und kehren so in Ihre Ausgangsposition zurück.

Wirkung: Durch den Bewegungsablauf werden die Muskelbewegungen mit der Atmung koordiniert und ein rhythmischer Ausgleich zwischen den Körperorganen kommt hier zustande.
Die Wirkung betrifft den gesamten Organismus, der erfrischt, gestärkt und harmonisiert wird. Diese Übungsfolge ist deshalb für Asthmatiker, Allergiker und Neurodermitispatienten gleichermaßen geeignet.

Diese Übung allein ist eine gute Tagesübung für diejenigen, die nicht jeden Tag Zeit für ein komplettes Übungsprogramm aufbringen können.

Meditation

Mit Meditation und Entspannung schließen wir unsere Yoga-Stunden ab. Die Meditation zählt zu den wichtigsten Elementen von Yoga. Mit ihr lernen wir uns der Wahrnehmung unserer Sinne und Gefühle deutlicher zu vergewissern, unser Bewusstsein zu vertiefen, unsere Gedanken zu beobachten, sie einzuschätzen und letztendlich zu beherrschen.
Leider ist in unserem Kulturkreis diese Form der inneren Auseinandersetzung mit unserem Leben und Dasein ziemlich verloren gegangen. Spiritualität haftet das Image an, nicht so recht in unsere Realität zu passen, die vor allem darauf ausgerichtet ist, materielle Werte zu schaffen und Wissen anzusammeln. Und doch verlässt die Menschheit nie die Sehnsucht nach dieser höheren Erkenntnis.
Oft sehe ich junge schöne Menschen an einem sonnigen Tag in ihrem schicken Cabriolet durch die Stadt fahren, beste Voraussetzungen, um fröhlich zu sein, könnte man meinen – doch nicht selten sehe ich versteinerte Gesichter. Mir fällt das relativ häufig auf, und auch wenn es nur eine Momentaufnahme ist, scheint es mir dennoch ein Sinnbild zu sein. Die Frage nach dem Glück, nach Zufriedenheit und innerer Ausgeglichenheit kann nur jeder aus seinem Inneren heraus für sich beantworten. Den Weg dorthin finden wir deshalb wahrscheinlich nicht in einem Cabriolet, sondern nur in uns selbst.

Inneres Gleichgewicht und Harmonie sind Grundvoraussetzungen für Gesundheit und auch für Heilungsprozesse.
Stress- und Umweltfaktoren sind Krankheitsauslöser, denen wir uns nicht entziehen können. Aber wir haben erheblichen Einfluss darauf, wie wir damit umgehen.
Seelische Belastungen, Erinnerungen, Alltagssorgen und Probleme wälzen wir da in unserem Kopf herum und es fällt uns deshalb manchmal schwer, uns auf die Arbeit zu konzentrieren oder einfach einen gemütlichen Abend zu genießen.

Mit der Meditation werden wir uns selbst besser erkennen und uns auch besser kontrollieren und entfalten können. Das wird uns dabei helfen, zu innerer Ruhe und Ausgeglichenheit zu kommen.

Zunächst gilt es, Entspannung und innere Ruhe zu trainieren. Das ist gerade am Anfang nicht so einfach, wenn uns jede Ablenkung fehlt und wir nur mit uns alleine sind. Da zwickt es hier, schmerzt es dort, da kommen Gedanken hoch, die man längst vergessen glaubte, oder Dinge, die man am liebsten schnell vergessen will. Das ist völlig normal und wird Sie mit zunehmender Trainingsdauer immer weniger beeinflussen.

Ein weiterer Trainingspunkt wird die Stärkung der Konzentration sein. Dann werden die kreativen Kräfte aktiviert und anschließend das eigene Bewusstsein beobachtet, um sich die eigene Gedankenwelt besser zu erschließen.

Die Meditation ist eine hohe Kunst und kann in unserem Rahmen nur in seiner Grundform dargestellt werden. Langfristig bietet sich eine professionelle Begleitung durch einen Yoga-Lehrer an.

Meditationsübungen

Sie haben sich nach den Körperübungen eine Entspannungsphase verdient. Nehmen Sie die Rückenlage ein, um 5–15 Minuten zu entspannen. Dann führen Sie die Wechselatmung (siehe S. 78) durch.

Beginn der Meditation:

Sie nehmen den Meditationssitz ein oder eine Sitzhaltung, in der Sie bequem und entspannt sitzen können. Versuchen Sie sich während der Übung nicht zu bewegen.

Der Oberkörper ist aufrecht und Kopf, Nacken und Rücken bilden eine gerade Linie.
Die Hände legen Sie leicht auf den Oberschenkeln ab.
Sie schließen die Augen.
Richten Sie Ihre Aufmerksamkeit auf ihre Gesichtsmuskeln, Ihre Bauchmuskulatur, Arme und Unterkiefer, die Sie bewusst entspannen.
Versuchen Sie Ihre Gedanken und Gefühle zur Ruhe kommen zu lassen.

Übungsteil I

Stellen Sie sich den Raum vor, in dem Sie sich befinden.
Machen Sie sich Ihre Atmung bewusst, und indem Sie ruhig und gleichmäßig atmen, nehmen Sie die Entspannung Ihres Körpers wahr. Fühlen Sie, wie Ihr Herz schlägt.

Versuchen Sie mindestens 5 Minuten in dieser Haltung zu verbleiben oder, wenn es Ihnen angenehm ist, auch bereits zu Anfang 10–20 Minuten, um sich später auf 30–60 Minuten zu steigern.

Ende der Meditation

Beenden Sie die Übung, indem Sie OM singen, wenn Sie wollen, die Handflächen aneinander reiben, auf das Gesicht legen (damit wärmen Sie die Gesichtsmuskulatur).
Beugen Sie den Oberkörper nach vorne – wenn es geht, bis die Stirn den Boden berührt – und legen Sie die Arme neben den Kopf auf den Boden. Verbleiben Sie kurz in dieser Phase und richten Sie sich danach langsam auf und öffnen die Augen.

Der Beginn und das Ende der Meditationsübung werden bei allen Übungsteilen gleich ausgeführt.

Übungsbeginn	Das Einnehmen der Sitzhaltung und die mentale Vorbereitung
Übungsteil	Siehe I bis V
Beendigung	Durch OM-Singen, wenn Sie wollen, und die erwärmten Handflächen

Bei vorgebeugtem Oberkörper auf das Gesicht legen.
Die folgenden weiterführenden Meditationsübungen unterscheiden sich inhaltlich in den jeweils beschriebenen Übungsteilen, Übungsbeginn und -ende bleiben gleich.

Übungsteil II

Eine erweiterte Meditation kann nach drei bis vier Wochen durchgeführt werden. Sie konzentrieren sich jetzt noch bewusster auf Ihre Atmung und beobachten anschließend Ihre Gedanken, gewissermaßen als neutraler Beobachter von außen. Das bedarf einer gewissen Übung, deshalb ist es gut, diesen Übungsteil zu vertiefen.

Übungsteil III

Ein weiterer Schritt ebenfalls nach drei bis vier Wochen besteht in der Visualisierung; Sie stellen sich während der Meditation ein schönes Bild aus der Natur vor, etwa einen schönen Sonnenaufgang, eine blühende Wiese oder einen Strand am Meer. Dieses Bild versuchen Sie sich möglichst detailliert in Gedanken auszumalen.
Versuchen Sie sich während dieser Übungseinheit auch über Ihre Gemütslage klar zu werden. Überdenken Sie, wie es Ihnen wirklich geht, und versuchen Sie zu ermitteln, was Sie glücklich macht.
Dabei spielt die Beziehung zu anderen Menschen eine wichtige Rolle, versuchen Sie sich auch diese Beziehungen gedanklich bewusst zu machen.

Sie stellen sich während der Meditation ein schönes Bild aus der Natur vor …

Übungsteil IV

Die nächste Stufe ist eine weitere Form der Konzentrationsübung. Sie richten Ihren Blick, aber auch Ihre gesamte Aufmerksamkeit auf einen bestimmten Gegenstand oder versuchen einen Punkt zu fixieren. Eine sehr schöne Möglichkeit besteht darin, sich auf eine brennende Kerze zu konzentrieren.

Sicherlich werden auch hier, wie bei den vorangegangenen Übungen, zunächst die Gedanken abschweifen. Versuchen Sie immer wieder mit Ihrer Aufmerksamkeit zu dem Gegenstand oder der Kerze zurückzukehren.

Übungsteil V

Hier handelt es sich um eine innere Reise des Körpers. Er ist Ihr Freund, der ein Leben lang für Sie da ist.

Werden Sie sich bewusst über die Eigenschaften Ihres Körpers, indem Sie sich beobachten und versuchen, sich Ihren Körper von außen vorzustellen, so als würde er neben Ihnen sitzen.

Jetzt versuchen Sie weitere Eigenschaften herauszufinden, das betrifft also nicht nur Ihren Körper und Ihr Aussehen, sondern auch die Eigenschaften, die Sie insgesamt ausmachen; welche würden Sie eher als Schwäche und welche als Stärke oder gute Eigenschaften einstufen. Diese Analyse ist ein wesentlicher Schritt auf dem Weg, sich selbst wahrzunehmen und sich über sich selbst bewusst zu werden.

Entwickeln und entfalten Sie nun gedanklich Ihre positiven emotionalen Eigenschaften und Gefühle wie eigene Akzeptanz, Liebe, Verständnis, Mitgefühl, Frieden, Respekt gegenüber anderen Menschen und der Natur.

Indem Sie diesen Gedanken Raum geben, fördern und bestärken Sie sich; das hilft Ihnen, zu einer inneren Ausgeglichenheit finden.

Es gibt natürlich weitere Möglichkeiten, Meditationen durchzuführen, die aber zum Teil sehr vieler Trainingseinheiten bedürfen.

Diese fünf Übungsteile sind Grundstufen der Meditation, die für unsere Ziele zusammengestellt und dafür ausreichend sind. Auch diese bedürfen einer intensiven Übung, um ihre Inhalte (erfolgreich) umzusetzen.

Meditation ist eine Reise in unser Inneres. Es ist auch eine Entdeckungsreise, bei der wir einiges über uns erfahren können, das uns bis dahin sogar unbekannt war. Unbewusste Disharmonien können Sie so ausfindig machen und entweder selbst oder mithilfe anderer lösen.

Dies ist eine gute Voraussetzung, wirksam auf Gesundheitsprozesse einzuwirken. Yoga wird Ihnen dabei helfen.

Zusammenstellung der Übungsreihen

Sie können sich aus den einzelnen Bereichen nun Ihr individuelles Übungsprogramm zusammenstellen. Je nach Beschwerdebild können Sie die Schwerpunkte selbst wählen.
Yoga betrifft den ganzen Körper und es ist wichtig, dass die Übungen aufeinander abgestimmt werden. Deshalb beginnen Sie eine Übungsstunde mit Entspannungs-, Atem- und Aufwärmübungen und gehen dann zu einer Auswahl von Asanas mit unterschiedlichen Wirkungsschwerpunkten über.

Natürlich können Sie auch aus den anderen Bereichen Übungen auswählen und diese mit Ihren Übungen kombinieren, wenn dies nicht von den Übungen her, beispielsweise für Asthmatiker, ausgeschlossen wurde (entsprechende Warnungen stehen immer zu Beginn jeder Übungsbeschreibung). Die Körperübungen haben zwar bestimmte Wirkungsschwerpunkte, aber auch zusätzliche Wirkungen, die Sie nutzen können.

Hier noch einmal eine Übersicht, wie man sich eine Übungsstunde zusammenstellen kann:

Übungsstunde in der Übersicht

Entspannungsübungen

Rückenlage/Meditationssitz

Atemübungen

Atemkonzentration/Yoga-Vollatmung

Yoga-Grundübungen

Aufwärm- und Streckübungen

Körperübungen

Asthma | Allergie | Neurodermitis

(jeweils 4 Asanas auswählen)

Gruß zur Sonne

Atem- und Entspannungs-/Meditationsübungen

Strategien der Lebensumstellung. Ausblick und Überblick

Die »Duale Körpertherapie« praktizieren: bei Allergien
Sie haben gesehen, wie unterschiedlich die Ursachen und Zusammenhänge bei einer Allergie oder einer Nahrungsmittelunverträglichkeit sein können.

Die »Duale Körpertherapie« bietet bei einer gezielten Ernährungsumstellung und mit der Bewegungskomponente Yoga eine für die Behandlung hilfreiche Ergänzung mit ihrer ausgleichenden Wirkung auf den Organismus und den Stoffwechsel. Die mentale Stärkung wird Ihnen auch bei einer Ernährungsumstellung helfen. Sehen Sie hierzu die speziell ausgesuchten Körperübungen bei Allergien.

Die »Duale Körpertherapie« praktizieren: bei Asthma bronchiale
Die Ernährung unter Berücksichtigung dieser Empfehlungen umzustellen bietet die Möglichkeit, den Verlauf der Erkrankung positiv zu beeinflussen. Die »Duale Körpertherapie« ermöglicht es, mit den speziell ausgesuchten Yoga-Übungen und der kontrollierten Atmung sowie der Stresskontrolle, die durch Yoga erlernt wird, einen wesentlichen Einfluss auf die Beschwerdebilder und den Krankheitsverlauf zu nehmen.

Die »Duale Körpertherapie« praktizieren: bei Neurodermitis
Wir haben gesehen, dass die Neurodermitis oft nicht nur einen Faktor als Auslöser hat. Dieses Beschwerdebild zeichnet sich leider dadurch aus, dass hier unterschiedliche Umstände zu ihrer Entstehung beitragen können. In vielen Fällen ist die Stresskomponente eine wesentliche Ursache, die mitverantwortlich ist für die Reaktionen.
Deshalb ist der ganzheitliche Ansatz der »Dualen Körpertherapie« mit den entsprechenden Ernährungsempfehlungen und den Wirkungsmöglichkeiten von Yoga auf den gesamten Organismus von erheblicher Bedeutung.
Es ist also bei diesem Beschwerdebild zu klären, inwieweit ein ernährungsbedingter Zusammenhang besteht, um die Auslöser auszuschalten

und die speziell bei Neurodermitis geeigneten Körperübungen ins persönliche Yoga-Programm aufzunehmen.

Zusammenfassend gilt bei Allergien, Asthma und Neurodermitis: Natürlich gibt es die Möglichkeit, die Symptome medikamentös zu behandeln. Wie zu Anfang erwähnt, besteht hier auch kein Widerspruch zu einer erforderlichen Therapie mit Medikamenten. Dies gilt es mit Ihrem Arzt zu besprechen.

Sie können jedoch mit einer für Sie gesunden Ernährung und der entsprechenden Bewegung einen Partner finden, der Ihnen hilft, Ihre Beschwerden zu behandeln: Ihren Körper.

Probleme und Lösungen
Für diejenigen, die von einer Allergie, von Asthma oder einer Neurodermitis betroffen sind, stellt sich oftmals ein Gefühl ein, dass entweder nur sehr wenig oder nicht das Richtige gegen die Ursache der Erkrankung getan werden kann. Die Therapie ist sehr stark auf die Bekämpfung der Symptome ausgerichtet. Verwirrend ist oft auch, dass gerade bei diesen Erkrankungen in den letzten zwei Jahrzehnten viele neue medizinische Therapieformen und Erkenntnisse hinzugekommen sind. Es gilt viele Dinge zu beachten und unterschiedliche Informationen zu verarbeiten – für den Einzelnen bleibt oft das Gefühl der Unübersichtlichkeit und Hilflosigkeit bestehen.

Dabei kann jeder Einzelne durch seine Mitverantwortung und sein Verhalten entscheidend auf den Krankheitsverlauf Einfluss nehmen.

Bei Allergien kann die Ernährungsumstellung schon ein entscheidender Faktor sein. Es gilt also die Ursache zu ermitteln und die Ernährung entsprechend umzustellen. Yoga-Übungen können mit ihrer Heilwirkung als zusätzlicher Faktor unterstützend einwirken und die mentalen Voraussetzungen für diese Umstellung stärken sowie die gesamte Körperkonstitution kräftigen.

Bei Asthma können die Körperübungen von Yoga entscheidend dazu beitragen, bessere Behandlungserfolge zu erzielen. Wenn es allergisch bedingt ist, gelten die zusätzlichen Ernährungsempfehlungen wie bei Allergien. Ansonsten sind die darüber hinausgehenden Ernährungsempfehlungen eine weitere Möglichkeit, positiv auf den Verlauf der Erkrankung einzuwirken.

Bei der Neurodermitis können beide Komponenten gleich wirksam zum Behandlungserfolg beitragen, indem die mentalen wie auch die konstitutionellen Faktoren verbessert werden und die möglichen Auslöser in der Ernährung eliminiert werden.

Integration der »Dualen Körpertherapie« in den Alltag

Wie schaffe ich es nun, diese beiden Komponenten der »Dualen Körpertherapie« in den Alltag zu integrieren?

Ein generelles Problem unserer Zeit ist: die Zeit. Sich einige Male in der Woche zurückzuziehen, um genau das zu finden, was man nicht hat, nämlich Ruhe, ist für viele schwer umzusetzen. Dabei ist es genau umgekehrt: Die so gewonnene Ruhe wird Ihnen die Möglichkeit geben, mit Ihrer Zeit besonnener umzugehen. Es hilft also nichts: Die Zeit fürs Yoga muss fest eingeplant werden, und zwar nicht nur für eine Woche, sondern als fester Bestandteil Ihres Lebens.

Zeit ist auch ein entscheidender Faktor bei der Ernährungsumstellung. Allein sich seiner Ernährung bewusster zu werden, sich seine Ernährungsgewohnheiten zu verdeutlichen und vielleicht sogar ein Ernährungstagebuch zu führen, braucht Zeit. Darüber hinaus sind die Informationen über die geeigneten Nahrungsmittel, die man braucht, auch nicht in ein paar Minuten vermittelt und die entsprechende Nahrungsmittelauswahl erfordert vielleicht auch, nicht gleich beim nächstgelegenen Bäcker oder Fleischer einkaufen zu können.

Die entsprechende Zeit ist vielleicht der entscheidende Faktor, der oftmals über Erfolg oder Misserfolg bei der Lebensumstellung entscheidet.

Aber diese Investition lohnt sich für Ihre Gesundheit und Ihre Zukunft.

Anhang

Sanskritnamen der Asanas

Hier sind die bekannten Sanskritnamen der Übungen aufgeführt:

Aufrechter Stand (Tadasana)

Bequemer Sitz (Sukhasana)

Bogen (Dhanurasana)

Brücke (Setuasana)

Entspannung (Anandasana)

Fersensitz (Vajrasana)

Gruß auf einem Bein (Ekapada Pranamasana)

Halber Drehsitz (Ardha Matsyendrasana)

Halbe Kerze (Viparita Karani Sarvangasana)

Halblotos (Ardha Padmasana)

Halbmond seitwärts (Parsva Ardha Chandrasana)

Katze (Marjari)

Knie zum Kopf ziehen (Pavana Muktasana, Variation)

Lotossitz (Padmasana)

Mount-Everest-Stellung (Sumeruasana)

Nervenreinigung (Nadi Sodhana Pranayama)

Rückenstreckung (Paschimottanasana)

Begriffserklärungen

Allergie	Bereitschaft (nach erneutem Kontakt mit einem Antigen), mit bestimmten krankhaften Erscheinungen zu reagieren
Allergene	(Antigen) lösen Überempfindlichkeitsreaktionen im Körper aus
Anamnese	die Vorgeschichte des Kranken
Asana	Sitz, Körperhaltung, Körperübung
Asthma	chronische entzündliche Erkrankung der Atemwege
Asthma bronchiale	anfallsweise auftretende Behinderung, starke atemwegsverengende Reaktion
Antikörper	Protein der Abwehrreaktion des Körpers
Auslöser	Substanz, die eine Allergie auslöst
Bronchien	Hauptäste der Luftröhre
Eliminationsdiät	bestimmte Nahrungsmittel werden ausgelassen
Enzyme	beschleunigen die in lebenden Organismen vorkommenden chemischen Reaktionen
Fermente	Enzyme (Fermentation = Gärung)
Fruktoseintoleranz	eingeschränkte oder gestörte Aufnahme von Zucker (Fruktose, Sorbit)

Glukose	synthetischer Traubenzucker, Dextrose
Hormone	Informationsträger zwischen den verschiedenen Zellarten des Organismus
Immunglobuline	Bezeichnung für alle Proteine, die Antikörpereigenschaften besitzen (z.B. IgE)
Karenz	Entbehrung, Aussetzen, Verzicht
Kasein	Hauptproteinbestandteil der Milch
Kohlenhydrate	umfassen die Zucker (Einfach-, Zweifach-, Mehrfachzucker)
Kreuzallergie	Kreuzreaktion eines Antikörpers mit einer Substanz, die gleich oder ähnlich des (ursprünglichen) Auslösers ist
Laktoseintoleranz	Milchzuckerunverträglichkeit
Malabsorption	Störung des Nahrungsstofftransportes in die Blut-/Lympfbahnen
Mediatoren	Wirkstoffe, die, bei einer Erkrankung gebildet, zu den Beschwerdeformen führen

Adressen

Deutscher Allergie- und Asthmabund (DAAB)
Fliethstraße 114
41061 Mönchengladbach

Helpline: 02161/1 02 07
Tel.: 02161/81 49 40
Fax: 02161/8 14 94 30

www.daab.de

Beratungspraxis Ernährung und Gesundheit

Einzelberatung, Vorträge
Eulenstraße 61
22765 Hamburg

Präventionszentrum Hamburg-Altona

Kursangebote Ernährung und Entspannung
Oeverseestraße 10–12
22769 Hamburg

Information und Anmeldung:
(für Beratungspraxis und Präventionszentrum)

Tel.: 040/8 50 21 44
Fax: 040/85 08 01 28

Literatur

Kasper, *Ernährungsmedizin und Diätetik*, Urban&Fischer, München 2000

Werfel, Reese, *Diätvorschläge und Positionspapiere für Diagnostik und Therapie*, Dustri-Verlag Dr. Karl Feistle, München-Deisenhofen 2003

Harnack, Meffert, *Neurodermitis*, Wort&Bild Verlag, Konradshöhe, 1996

Schleip, *Laktoseintoleranz*, Trias-Verlag, Stuttgart 2001

Buchart, *Nahrungsmittelallergie*, Studien-Verlag, München 2003

Hahn, *Innere Medizin*, Thieme-Verlag, Stuttgart 1998

Kogler, *Yoga für Sportler*, Urania-Verlag, München 1996

Iding, *Die heilende Kraft des bewussten Atmens*, Knaur-Verlag, München 2000

Maheshwarananda, *Yoga im täglichen Leben*, Ibera Verlag European University Press, Wien 2005

Waesse, *Yoga für Anfänger*, Gräfe und Unzer Verlag, München 1995

Petersen, *Yoga*, Heyne-Verlag, München 2001

Sachwortverzeichnis